電子部品が一番わかる

電子機器を構成する電子部品の働きと用途

松本光春 著

技術評論社

はじめに

　電子部品は、私たちの生活に欠かせない部品です。普段は目につかないことが多いですが、冷蔵庫や洗濯機といった家電製品、パソコンや携帯電話といったIT機器など、電子部品は身のまわりの多くの電子機器に使われています。

　細かく配置された電子部品が一つでも欠ければ、これらの電子機器はその動きを止め、本来の動作をしなくなってしまうでしょう。一つ一つの電子部品が相互につながり、働きあうことではじめて、目的となる機能が成し遂げられるようになるのです。

　しかしながら、これらの電子部品が一体どのような働きをしているのか、実際のところを知っている人は少ないのではないでしょうか？

　抵抗、コンデンサ、コイルなど中学・高校で習った知識はあっても、具体的にそれらがどのようなものかイメージしにくい人も多いでしょう。また、ダイオードやトランジスタなど、聞いたことはあっても働きがわからないような電子部品も多くあります。

　そのほかにも、マイコンやセンサなど、個人で電子回路をつくる人には欠かせないけれど、あまり知られていない電子部品もたくさんあります。もちろん基板や電線など、回路づくりを土台から支える電子部品も忘れてはいけません。

　本書は、これら私たちの身近にある多くの電子部品について、写真や図を交えてできるだけわかりやすく説明しようと意図して書かれたものです。

　本書の記述が読者の皆様に、少しでもお役に立てば幸いです。

2013年4月　松本光春

電子部品が一番わかる 目次

はじめに……………3

第1章 電子部品の基礎知識……………9

1. 電子部品の役割……………10
2. 電子部品の種類と分類……………12
3. 回路……………14
4. 電子部品の概要……………16
5. 半導体……………18
6. 集積回路（IC）……………22
7. 半導体記憶素子（メモリIC）……………24

第2章 抵抗……………27

1. 抵抗……………28
2. リード線抵抗……………30
3. チップ抵抗……………32
4. 巻線抵抗……………34
5. 可変抵抗……………36

CONTENTS

第3章 コンデンサ……………39

1 コンデンサ……………40
2 電解コンデンサ……………42
3 フィルムコンデンサ……………44
4 セラミックコンデンサ……………46
5 可変コンデンサ……………48

第4章 コイルとトランス……………51

1 コイル……………52
2 トロイダル・コイル……………54
3 チョークコイルと同調コイル……………56
4 トランス(変圧器)……………58
5 トランス(変圧器)の種類……………60

第5章 ダイオード……………63

1 ダイオード……………64
2 pnダイオード……………66
3 発光ダイオード……………68
4 レーザーダイオード……………70
5 フォトダイオード……………72
6 ツェナーダイオード……………74

第6章 トランジスタ……………77

1 トランジスタ……………78
2 NPNトランジスタ……………80
3 PNPトランジスタ……………82
4 電界効果トランジスタ（FET）……………84

第7章 その他の半導体デバイス……………89

1 オペアンプ……………90
2 フォトカプラ……………92
3 三端子レギュレータ……………94
4 サイリスタ……………96
5 バリスタ……………98

第8章 回路基板……………101

1 電子回路基板……………102
2 ユニバーサル基板……………104
3 プリント基板……………106
4 ブレッドボード……………108

第9章 電池……………111

1 電池……………112
2 乾電池……………114

CONTENTS

 3 マンガン電池……………116
 4 アルカリ・マンガン電池……………118
 5 鉛蓄電池……………120
 6 リチウムイオン電池……………122
 7 ニッケル水素電池……………124
 8 太陽電池……………126

第10章 マイコン関連素子……………129

 1 マイコン……………130
 2 PIC……………132
 3 H8マイコン……………134
 4 水晶振動子……………136
 5 セラミック発振子……………138

第11章 その他の電子部品……………141

 1 ヒューズ……………142
 2 スイッチ……………144
 3 コンバータとインバータ……………146
 4 モータ……………148
 5 モータドライバ……………150
 4 ヒートシンク……………152
 5 電線……………154

CONTENTS

第12章 センサ……………157

1. 光センサ……………158
2. 距離センサ……………160
3. 圧力センサ……………162
4. 加速度センサ……………164
5. ロータリーエンコーダ……………166

付録　電気用図記号リスト……………168

用語索引……………170

コラム｜目次

- 国際単位系（SI）……………26
- 抵抗の見分け方（カラーコード）……………38
- 電子部品の規格……………50
- 運動方程式と回路方程式……………62
- 青色発光ダイオード……………76
- 半導体と真空管……………88
- 回路をチェックするための道具……………100
- シール基板……………110
- ボルタ電池……………128
- はんだとはんだごて……………140
- リード線の加工用工具……………156

第1章

電子部品の基礎知識

一口に電子部品といっても、世の中には
非常にたくさんの電子部品があります。
この章では電子部品の分類や電気回路の
基本法則について概説します。
また、本書で出てくる電子部品について概観します。

1-1 電子部品の役割

●電子回路と電化製品の関係

　電子部品を用いて行われることの一般的な目的は、環境を観測するためのセンサから回路に入力される電圧や電流値を読み取ることで環境を認識し、その値に基づいて電圧や電流を出力することでモータなどの動力源を設計者の思いのままに制御することにあります（図1-1-1）。

　場合によっては環境からのデータを収集することだけを目的とするケースや、センサからの入力によらず決められた動作をさせることだけを目的とするケースもよく見られます。

図 1-1-1　電子回路と電化製品

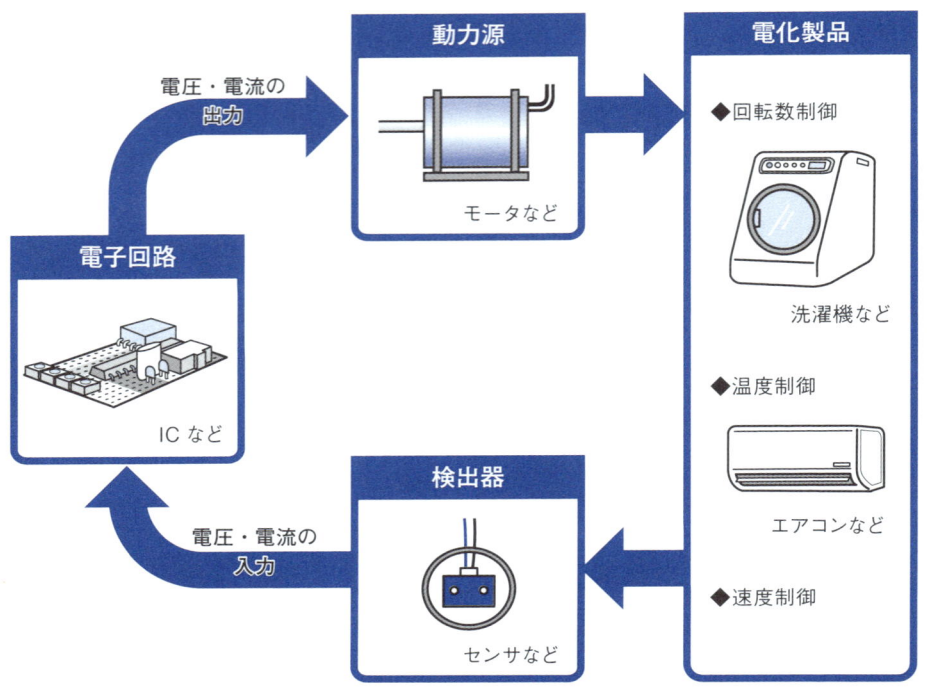

●電流

電流とは、物体を移動する荷電粒子の流れです。金属などの導体を流れるときには電子が電流の担い手になり、電解液中ではイオンが電流の担い手となります。電流はプラスからマイナスの方向に流れますが、自由電子の持つ電荷はマイナスであるため、電流の向きと電子の動く向きは図1-1-2のように逆向きになります。これは、電流が電子の発見の前に定義されたことが原因です。

電流の単位にはA（アンペア）という単位を用います。この単位は単位系の中でも最も基本的な単位の一つであり、国際単位系（SI）にも含まれています（p.26）。

図1-1-2　電流の向きと電子の運動

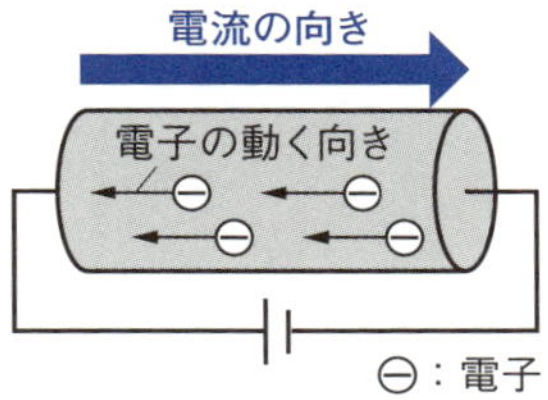

●電圧

電圧は電流を流そうとする能力を示す電気回路の用語であり、この値が大きいほど、電流は流れやすくなります。電圧の単位にはV（ボルト）という単位を用います。

電圧と電流の関係は、水圧と水流の関係を考えると理解しやすいでしょう。図1-1-3のような2つのタンクに入った水を考えます。Aのタンクの方がBのタンクよりも高い位置にあり、AとBの水位（水の高さ）の差によって、水圧（水位差）が決まり、水圧が大きいほど水流が流れやすくなります。

電圧と電流の関係もこれに似ています。電圧の高いAという地点と電圧の低いBという地点を導線で結ぶことを考えます。基準点から測定地点までの電圧の差のことを電位といい、AとBの電位の差のことを電位差といいます。図1-1-3の水を電気に置き換えてみるとAとBの電気的な位置はAの方が高い位置にあります。この電位の差によって、電圧（電位差）がきまり、電圧が大きいほど電流が流れやすくなります。

図1-1-3　電流と電圧、水流と水圧の関係

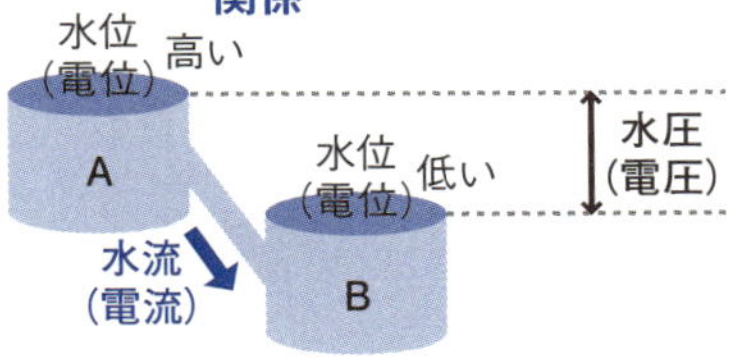

電子部品の種類と分類

●能動部品、受動部品、機構部品

　電子部品とは冷蔵庫や洗濯機などの家電製品やパソコン、携帯電話などのIT機器などといった電気製品に利用される部品のことです。個人ではんだ付けを行うようなリード線タイプの電子部品と、より小型で軽量なチップタイプの電子部品があります。

　このうち、リード線タイプの電子部品はその多くが2.54㎜幅(10分の1インチ幅)のサイズで設計されています。これは多くの電子部品がヤード・ポンド法を用いているアメリカで開発されたためです。一方、チップタイプの電子部品は表面実装と呼ばれる技術ではんだ付けを行います。図1-2-1、図1-2-2にリード線タイプの電子部品とチップタイプの電子部品の例をそれぞれ示します。

　また、電子部品はその機能によって、3つに分類できます(図1-2-3)。

能動部品
　供給された電力に対して整流や増幅などを行う部品のこと。多くの部品は半導体で構成されています。ダイオードやトランジスタなどがこれに含まれます。

受動部品
　供給された電力を整流、増幅などせず、そのままの形で消費したり、蓄積したりする部品のこと。抵抗やコイル、コンデンサなどがこれに含まれます。

機構部品
　電気回路そのものにはあまり寄与しない部品のこと。スイッチやコネクタ、基板などの部品がこれに当たります。

　これらの電子部品を組み合わせることで電気回路を構成し、目的の動作を行わせます。

図 1-2-1
リード線タイプの電子部品の例

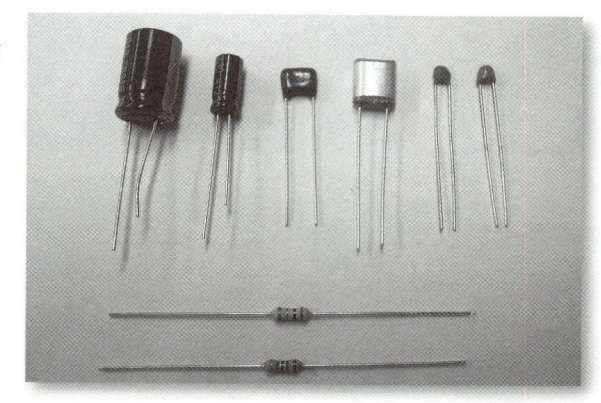

図 1-2-2
チップタイプの電子部品の例

図 1-2-3
電子部品の分類

能動部品
整流や増幅を行う
ダイオード、トランジスタなど

受動部品
整流や増幅を行わない
抵抗、コイル、コンデンサなど

機構部品
電子回路そのものには直接寄与しない
スイッチ、コネクタ、基板など

回路

●回路図

　電子部品がお互いにどのようにつながっているかを模式的に表したものを回路図といいます。回路図を書くために、主要な電子部品には、それぞれに記号が定められています。

　この記号のことを、電気用図記号といい、JIS C 0617 という規格により定められています。以前は JIS C 0301 という規格が使われており、古い教科書などでは旧記号が使われているものもあります。

　主要な電気用図記号を表 1-3-1 に示します。

表 1-3-1　主要な電気用図記号

抵抗	固定抵抗	新	旧
	固定抵抗	▭	⏦
	可変抵抗	⌁	⌁
コンデンサ	無極性コンデンサ	⊣⊢	
	有極性コンデンサ	⊣⊢	
	可変コンデンサ	⊬	
	半固定コンデンサ	⊬	
コイル		⌒⌒⌒	⌒⌒⌒⌒

	新	旧
トランス	⏛	⏛
ダイオード	▷⊢	▶⊢
NPNトランジスタ	⨁	
PNPトランジスタ	⨁	
Nチャネル接合型FET	⊥	
Pチャネル接合型FET	⊥	
電池	⊣⊢	

●電気回路の基本的な法則

電気回路とは、電子部品を電線やはんだなどで接続し、所望の動作をさせることを目的とした電流の流れのことをいいます。回路を設計するときには回路に一般的に成り立ついくつかの法則を利用します。

オームの法則

抵抗体に流れる電流は、かけた電圧に比例し、抵抗値に反比例する（抵抗については p.28 参照）。

例えば、図1-3-1のように抵抗 R に電圧 V をかけ、電流 I を流したとき、以下のような関係が成り立ちます。

$V=RI$

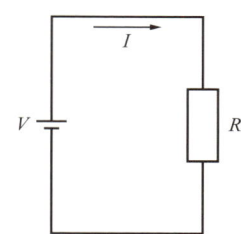

図 1-3-1 オームの法則

キルヒホッフの法則

第一法則：回路の任意の節点で流入する電流と流出する電流は等しい。

例えば、図1-3-2のように電流を設定したとき、以下の式が成り立ちます。

$i_1 + i_2 = i_3 + i_4$

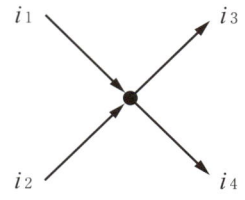

図 1-3-2 キルヒホッフの第一法則

第二法則：回路内の任意の閉回路で電圧の向きを一方向に定めたとき、その総和は0になる。

例えば、図1-3-3のように電流を設定したとき以下の式が成り立ちます。

$V_1 - V_2 - R_1 I_1 + R_2 I_2 = 0$
$V_2 - R_2 I_2 + R_3 I_3 = 0$

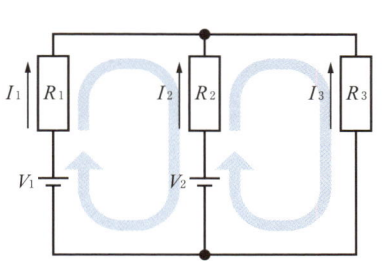

図 1-3-3 キルヒホッフの第二法則

1-4 電子部品の概要

●基本的な電子部品

ここでは、本書で出てくる電子部品について主なものを簡単な説明を交えながら列挙します。

能動部品

ダイオード（第5章）

回路内で電流を一方向にしか流さない電子部品です。電圧を加えると発光する性質を利用して発光素子としても利用されます。

トランジスタ（第6章）

回路内で信号を増幅したり、スイッチしたりするための電子部品です。

オペアンプ（p.90）

2つの入力の電位差によって出力の電圧が決まる電子部品です。論理回路などで利用します。

三端子レギュレータ（p.94）

回路部品に一定電圧を供給したいときに利用する電子部品です。

受動部品

抵抗（第2章）

回路内で電流を流しにくくするための電子部品です。

コンデンサ（第3章）

電気を蓄えるための電子部品です。直流は通さず、交流を通す働きをします。

コイル、トランス（第4章）

金属線を鉄心に巻きつけた電子部品です。交流に対して抵抗になる性質を持ちます。変圧などにも用いられます。

電池（第9章）

回路内で電源となり、回路に電力を投入するための電子部品です。

機構部品

基板(p.102)
電子部品を配置するための電子部品です。

ブレッドボード(p.108)
はんだ付けをすることなく、ジャンパ線を抜き差しするだけで電子回路を組むことができる電子部品です。

ヒューズ(p.142)
回路に過剰な電圧がかかった時に自動的に回路を切断するための電子部品です。

ヒートシンク(p.152)
電子部品と接着し、接着した電子部品を冷却するための電子部品です。

また、能動部品、受動部品、機構部品を組み合わせた電子部品もあります。

マイコン(p.130)
プログラムによって回路への入出力を制御し、モータなどへの信号をコントロールするための電子部品です。

モータ(p.148)
供給された電気エネルギーを機械的な仕事に変換する電子部品です。多くのものは磁石と電流を流したコイルの間に働く相互作用を利用しています。

センサ(第12章)
光や音、熱などの環境中の性質を検知し、回路で読み取りやすいように抵抗の変化や電圧の出力といった電気的な性質に変換する装置です。センサの入力によって、回転数や温度など様々な制御が可能になります。

1-5 半導体

●導体、半導体、絶縁体

　物質の分類には様々なものがありますが、その一つに電気を通しやすいか否かを基準にした分け方があります。電気を通しやすい物質のことを電気伝導体といい、単に導体ともいいます。これに対し、電気を通しにくい物質を絶縁体、あるいは、不導体といいます。また、導体と絶縁体の中間的な性質を持った物質を半導体といいます（表1-5-1）。

　導体に分類される物質の代表的な例としては銅やアルミニウムといった金属があります。金属以外には黒鉛なども比較的電気を通しやすい物質です。導体は回路中で電気を通す導線として利用され、電気を通すための道としての役割を担います。

　絶縁体に分類される物質の代表的な例としてはゴムやセラミックなどがあります。電線の被覆材として利用されるポリエチレンなどの高分子も絶縁体です。絶縁体は電気を通さないという性質から回路中で被覆材や回路基板の材料などとして用いられます。

　半導体はシリコンやゲルマニウムなどの4価元素のことをいいますが、実際に用いられる際にはホウ素などの3価元素やヒ素などの5価元素を少量混ぜ、電気的な性質を変化させて用います。半導体は電流の増幅やスイッチなど回路の制御を行うための部品として重要です。

表1-5-1　導体、半導体、絶縁体

	導体（電気伝導体）	半導体	絶縁体（不導体）
電気抵抗率	小 （10^{-6} Ω・m 以下） 電流を流しやすい	10^{-6}〜10^{6} Ω・m	大 （10^{6} Ω・m 以上） 電流を流しにくい
素材	銅、アルミニウム、黒鉛、鉄、金、銀　など	シリコン、ゲルマニウム　など	ゴム、セラミック、ポリエチレン　など

●半導体の仕組み

不純物を添加していない純粋な半導体のことを真性半導体といいます。真性半導体は英語で intrinsic semiconductor というため、i 型半導体などとも呼ばれます。

真性半導体の例としては 4 価元素であるシリコンやゲルマニウムなどが挙げられます。4 価という名前は元素が持つ価電子の数からきています。ここで価電子とは原子同士の結びつきに関与する電子のことで、4 価元素であれば価電子を 4 つ持っています。ここではシリコンを例としてその構造について説明します。

4 価元素であるシリコンの結晶は図 1-5-1 のように電子を共有し合っています。このような結合のことを共有結合といいます。純粋なシリコンは電子がお互いに束縛されており、半導体とは呼ばれているものの実際には電流はほとんど流れません。そこでより電流を流れやすくするために価電子の数の異なる不純物を混ぜます。例えば、p 型半導体は 4 価元素に 3 価元素を少量混ぜることでつくられます。一方、n 型半導体は 4 価元素に 5 価元素を少量混ぜることでつくられます。3 価元素にはホウ素やガリウムなどがあります。一方、5 価元素にはヒ素やリンなどがあります。ここでは、3 価元素としてホウ素を、5 価元素としてリンを導入した例をそれぞれ考えてみます。

図 1-5-1　シリコンの結晶

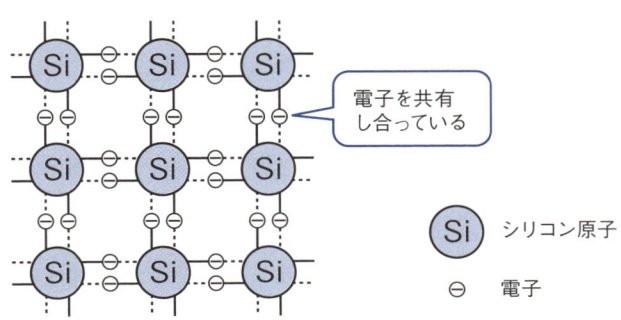

図 1-5-1 のシリコン結晶にホウ素を混ぜた p 型半導体の概念図を図 1-5-2 に示します。p 型半導体では、図 1-5-2 のように不純物として 3 価元素が入っているため、共有される電子が足りなくなります。電子のない空席部分のことを正孔(せいこう)と呼びます。

このような p 型半導体に電圧がかかると図 1-5-3 のように正孔の近くにある自由電子が正孔のある穴を埋めようとして移動します。すると抜けた自由電子の位置に再び正孔ができ、この穴を埋めるためにさらに自由電子が移動します。この穴を埋める流れが次々と起こることで正孔が自由電子とは逆の向きに移動し、結果的に p 型半導体には電流が流れることになります。

図 1-5-2
p 型半導体の概念図

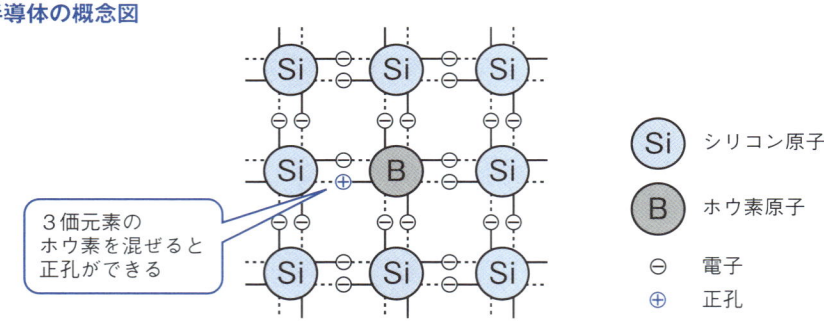

図 1-5-3
p 型半導体に
電圧をかけた場合

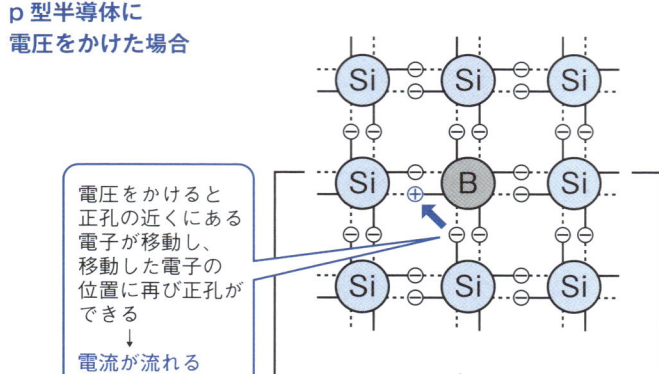

次に図1-5-1のシリコン結晶にリンを混ぜたn型半導体の概念図を図1-5-4に示します。

n型半導体では、図1-5-4のように不純物として5価元素が入っているため、共有される電子が余った状態になります。このようなn型半導体に電圧がかかると図1-5-5のように余った自由電子が半導体中を移動します。この自由電子の流れによってn型半導体には電流が流れることになります。

このようにp型半導体とn型半導体では電圧をかけたときの電流の担い手が異なります。半導体で構成された電子部品の多くは、このp型半導体とn型半導体の性質の違いを利用して、半導体部品ならではの機能を実現しています。

図 1-5-4
n型半導体の概念図

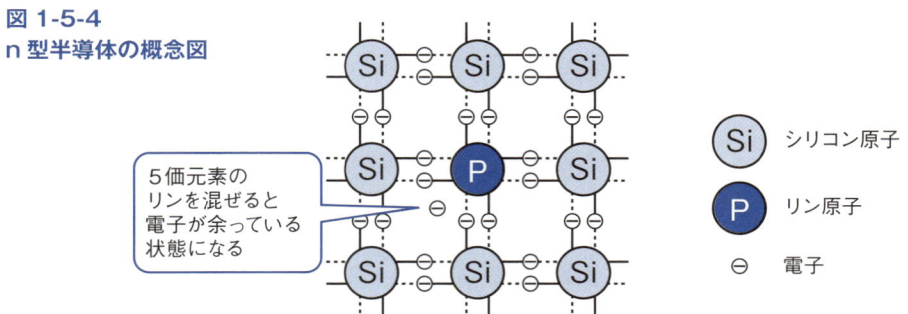

図 1-5-5
n型半導体に
電圧をかけた場合

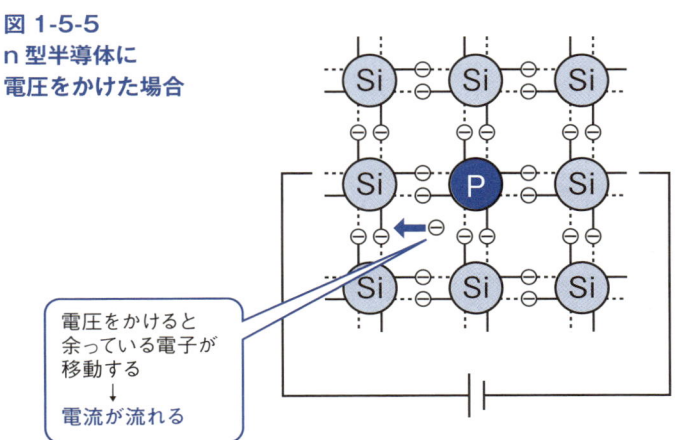

1-6 集積回路（IC）

●集積回路（IC）

　集積回路とは、抵抗やコンデンサ、トランジスタなどの各種電子部品の機能を一つの基板上に実装したもののことをいいます。集積回路のことを英語でIntegrated Circuitというため、その頭文字を取ってICなどとも呼ばれます。また、LSI（Large Scale Integration）という言葉も集積回路を指す言葉としてよく用いられます。集積回路はその集積度によっていくつか名前があり、かつては一つの基板に1000から10万ほどの素子が収められたものをLSI、10万から1000万程度の素子が収められたものをVLSI（Very Large Scale Integration）、1000万以上の素子が収められたものをULSI（Ultra Large Scale Integration）などと呼んでいました。

　最近では集積回路の上に一つの統合されたシステムを組み込んだ集積回路も開発されており、SoC（System on Chip）などと呼ばれています。

　ICにはその用途によっていくつかの分類がありますが、大きく分けてデジタルICとアナログICに分かれます（図1-6-1）。デジタルICとは扱う信号が離散値であるようなICのことをいい、アナログICとは扱う信号が連続値であるようなICをいいます。

図1-6-1　ICの分類

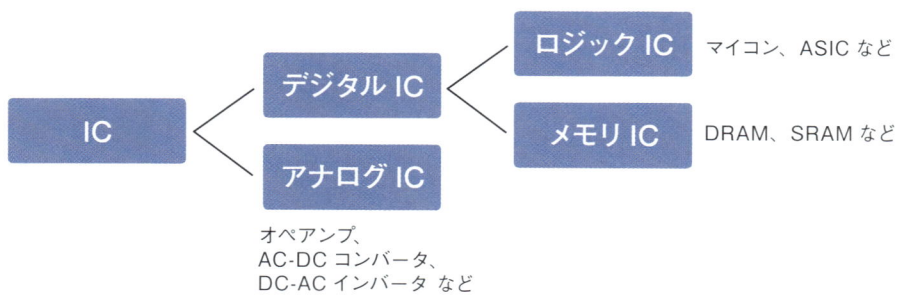

●デジタル IC（ロジック IC とメモリ IC）

デジタル IC はロジック IC とメモリ IC に分かれます。ロジック IC は、データの加工や計算などといった論理的な演算を行うことを目的とした IC で、メモリ IC はデジタルデータを保存するために用いられる IC です。

ロジック IC

マイコン（p.130）

マイコンとはマイクロコンピュータの略称で PIC（p.132）や H8（p.134）などがこれに当たります。使用者の自由度が高く、必要に応じてプログラムを書き換え、用途を変更することができます。

ASIC（エーシック）

ASIC とは Application Specific IC の頭文字を取ったもので、日本語では特定用途向け IC と呼ばれます。使用者がプログラムすることによって様々な機能を実現できるマイコンに対し、ASIC はあらかじめ用途が決まっているハードウェアレベルでのつくりこみが行われた IC です。

メモリ IC

半導体素子によって構成された記憶媒体です（p.24）。揮発性メモリと不揮発性メモリがあります。

●アナログ IC

アナログ IC の例としては以下のような電子部品があります。

オペアンプ（p.90）

2 つの入力電圧の差に比例するように電圧を出力します。入力電圧の差によって動作するため、差動増幅回路と呼ばれます。

AC‐DC コンバータ（p.146）

交流電圧を直流電圧に変換します。

DC‐AC インバータ（p.146）

直流電圧を交流電圧に変換します。

1-7 半導体記憶素子（メモリ IC）

●揮発性メモリと不揮発性メモリ

　半導体記憶素子（メモリ IC）とは、半導体素子によって構成された記憶媒体のことをいい、その記憶保持の方法によって、電源を切ると記憶した情報が失われてしまう揮発性メモリと、電源を切っても記憶した情報が保たれる不揮発性メモリに分けられます（図 1-7-1）。

図 1-7-1　半導体記憶素子の分類

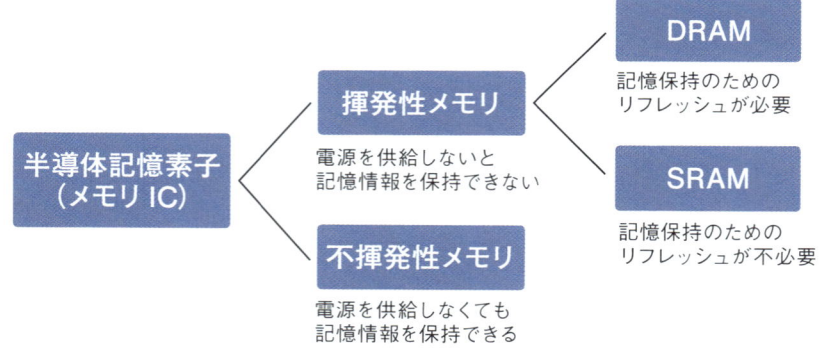

●揮発性メモリ

代表的なものはRAM（ラム：Random Access Memory）と呼ばれるメモリです。DRAMやSRAMなどがあります。

DRAM（Dynamic Random Access Memory）

メモリ内に無数のコンデンサを持ち、このコンデンサに電荷がたまっているかどうかによって、0と1を区別します。何もしないでいるとコンデンサから電荷が失われてしまうため、定期的に情報を再書き込みする作業が必要になります。この記憶保持のための動作のことをリフレッシュといいます。ダイナミックという名前はこの動作に由来しています。

SRAM（Static Random Access Memory）

メモリ内にフリップフロップ回路と呼ばれる回路を持ち、フリップフロップの出力電圧を見ることで0と1を区別します。DRAMに比べて集積化が難しいという欠点がある一方、フリップフロップ回路は電源を供給し続ければ情報を保持できるため、リフレッシュ操作が必要ないという利点があります。スタティックという名前はこの動作に由来しています。

●不揮発性メモリ

代表的なものはROM（ロム：Read Only Memory）と呼ばれるメモリです。記録している内容を書き換えることができないマスクROMなどがあります。

マスクROM

配線の構造によって記憶内容を設定するROMで製造の段階で記憶する内容を回路に書き込んでしまいます。回路をつくる際、フォトマスクと呼ばれる技術を用いることからマスクROMと呼ばれます。回路レベルで記憶内容を固定してしまうため、一度つくられると記憶の書き換えはできなくなります。プログラムの改変ができないという特性や量産したときのコストが抑えられるという特性からゲームソフトなど、記憶内容の書き換えが必要のない製品に利用されています。

❗ 国際単位系（SI）

　国際単位系とは世界各国で長さや質量などの単位を共通化するために定められた国際的な単位の規格です。略称である SI は、国際単位系のフランス語である Le Système International d'Unités からきています。英語では The International System of Units といいます。国際単位系（SI）を表1-A に示します。

　国際単位系はメートル(m)、キログラム(kg)、秒(s)などを用いる単位系であり、日本を含めた世界各国で利用されていますが、アメリカなど一部の国ではヤードやポンド、華氏などそれまでに利用していた単位系も併用されています。

　国際単位系の中でも特にメートル(m)、キログラム(kg)、秒(s)を基本とする単位系を MKS（エムケーエス）単位系と呼びます。また、メートル、キログラム、秒に対して、センチメートル、グラム、秒を基準とした CGS（シージーエス）単位系と呼ばれる単位系もあります。

表 1-A　国際単位系

量	単位の名称	単位の記号
長さ	メートル	m
質量	キログラム	kg
時間	秒	s
電流	アンペア	A
温度	ケルビン	K
物質量	モル	mol
光度	カンデラ	cd

第2章

抵抗

抵抗は、回路中で電気を通しにくくする働きを持つ電子部品です。
電子部品の中でも最も基本となる電子部品の一つだといえます。
本章では、よく用いられる抵抗の種類について
用途やその組成を解説します。

2-1 抵抗

●抵抗とは

　抵抗は電子部品の中でも、最も基本的な電子部品の一つです。抵抗とは回路に電気を流しにくくするための素子であり、抵抗に電流が通ることによって抵抗では熱が発生します（図2-1-1）。抵抗は英語でResistanceというため、回路図を書くときや回路理論などでは、Rやrなどといった略号で表されます。単位はΩ（オーム）で表します。1Vの電圧をかけたとき、1Aの電流が流れるような電子部品の抵抗は1Ωになります。

●抵抗の種類

　図2-1-2は現在販売されている抵抗をいくつか集めたものです。抵抗には、その組成や形状、機能などに応じて様々な種類があります。

　まず、抵抗が何によってできているかを基に分けた組成による分類があります。組成によって分類される抵抗としては、炭素皮膜抵抗、金属皮膜抵抗、酸化金属皮膜抵抗などがあります。このうち、炭素皮膜抵抗はセラミックなどの表面を炭素でコーティングしたものです。これに対し、表面を金属でコーティングした抵抗は金属皮膜抵抗と呼ばれます。また、酸化金属皮膜抵抗は表面を酸化金属でコーティングした抵抗になります（p.31）。

　次に形状による分類があります。形状としてはリード線がついたタイプの抵抗（リード線抵抗）と、リード線がついていないタイプの抵抗があります。このうち、リード線がついていないタイプの抵抗は、チップ抵抗と呼ばれます。

　また、機能によって分類されることもあります。抵抗の値が固定的な抵抗のことを固定抵抗といいます。一方、抵抗の値を変化させられる抵抗を可変抵抗といいます（p.36）。

　抵抗が同じ物質でできている場合、断面積が小さく、素子の長さが長いほど高い抵抗を持ちます。なお、回路図で抵抗は図2-1-3のような電気用図記号を用いて表現されます。

図 2-1-1　抵抗のしくみ

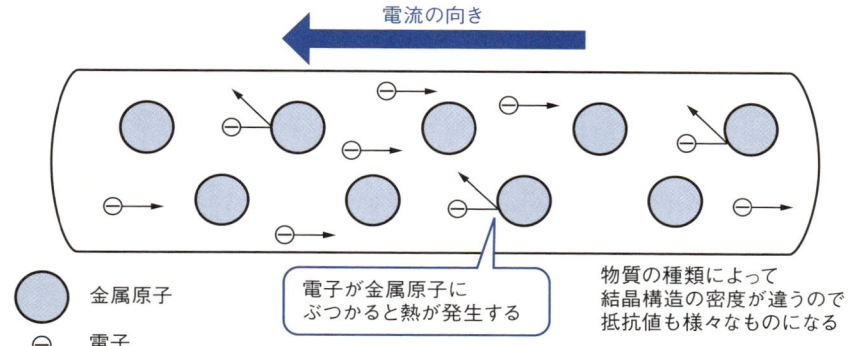

図 2-1-2　様々な抵抗

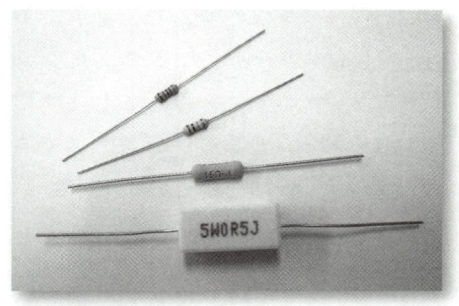

リード線抵抗　　　　　チップ抵抗

図 2-1-3　抵抗を表す電気用図記号

新記号（JIS C 0617）　　　旧記号（JIS C 0301）

2-2 リード線抵抗

●リード線抵抗

　リード線抵抗は抵抗といわれたとき、おそらく最も自然に頭に思い浮かぶ抵抗であると思われます。はんだ付けなどにより、回路を自分で組むような場合には、本項で説明するリード線抵抗を多く用います。ここでは、リード線抵抗の中でも、最も一般的な炭素皮膜抵抗、金属皮膜抵抗、酸化金属皮膜抵抗について説明します。

●炭素皮膜抵抗

　炭素皮膜抵抗はセラミックなどの表面を炭素でコーティングした抵抗をいいます（図2-2-1）。炭素は英語でカーボン（Carbon）というため、カーボン抵抗などとも呼ばれます。

　炭素皮膜抵抗は非常に安価であるため、電子回路を作製する際に最もよく用いられる抵抗の一つです。炭素皮膜抵抗は図2-2-2のようにセラミックのまわりを炭素でコーティングした構造をしています。塗装をはがすと内側に溝が入っており、この溝を調整することで抵抗値を調整しています。炭素皮膜抵抗の誤差は比較的大きく、抵抗値に対して5％程度になっています。

●金属皮膜抵抗

　金属皮膜抵抗は、セラミックなどの表面を炭素ではなく、金属でコーティングした抵抗です（図2-2-3）。金属皮膜の金・皮の部分を取ってキンピ抵抗などとも呼ばれます。金属皮膜抵抗には金属のペーストを加熱焼成した厚膜型金属皮膜抵抗と、金属を蒸着させてコーティングした薄膜型金属皮膜抵抗があります。

　金属を利用しているため、価格は炭素皮膜抵抗に比べて高くなりますが、誤差は炭素皮膜抵抗に比べて小さくなります。例えば、厚膜型金属皮膜抵抗は誤差が1％程度であり、薄膜型金属皮膜抵抗はさらに高精度で、誤差が

0.05％程度のものもあります。

●酸化金属皮膜抵抗

酸化金属皮膜抵抗はセラミックなどの表面を酸化金属でコーティングした抵抗です（図2-2-4）。酸・金の部分を取って、サンキン抵抗などとも呼ばれます。熱に強いため、比較的大きな電力も扱えるという特徴があります。

図 2-2-1　炭素皮膜抵抗

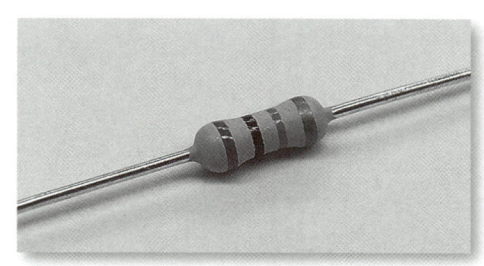

図 2-2-2　炭素皮膜抵抗の構造

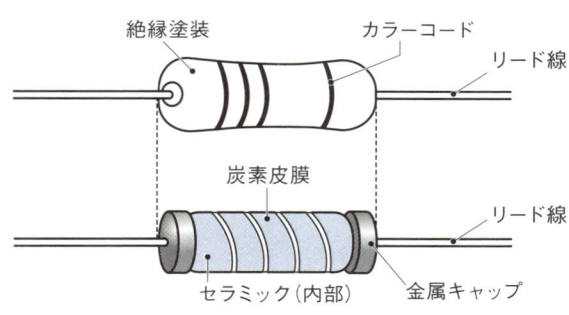

図 2-2-3　金属皮膜抵抗

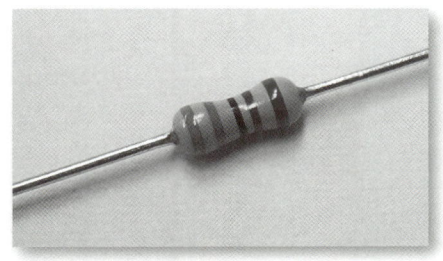

図 2-2-4　酸化金属皮膜抵抗

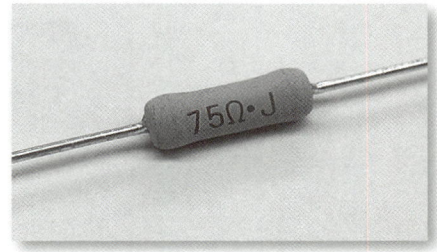

2-3 チップ抵抗

●チップ抵抗

　チップ抵抗は、その名の通りチップ状の形をした抵抗であり、一般的に抵抗といわれたときに思いつくようなリード線がついていません。リード線がついていない抵抗というと使い勝手が悪く、また見慣れない抵抗のような気がしますが、実際には現在つくられている固定抵抗のうちの9割以上がチップ抵抗になっています。

●チップ抵抗の種類

　チップ抵抗にはその形状に応じて、角形チップ抵抗（図2-3-1）と円筒形チップ抵抗の2種類があります。このうち、角形チップ抵抗は角チップと呼ばれます。一方、円筒形チップ抵抗はメルフ（MELF）抵抗とも呼ばれます。円筒形チップ抵抗は炭素、金属それぞれで構成された抵抗が存在するのに対し、角形チップ抵抗は金属でできたものが主流になっています。

　角形の方が使い勝手がよいため、現在は角形チップ抵抗がよく使われています。

図 2-3-1　角形チップ抵抗

●表面実装

チップ抵抗は電子部品をプリント基板上に表面実装するために用いられます。表面実装とは、はんだ付けする部分と部品が同じ側にあるような実装方法です（図2-3-2）。これに対しリード線がついた抵抗の実装は、はんだ付けする部分と部品が基板を挟んで逆側にあります（図2-3-3）。

表面実装は、電子部品を基板の表面に乗せることでスペースを削減できるため、全体を小型化することができます（図2-3-4）。

図2-3-2　チップ抵抗に対する実装方法（表面実装）

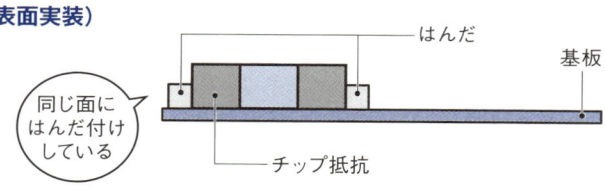

図2-3-3　リード線抵抗に対する実装方法

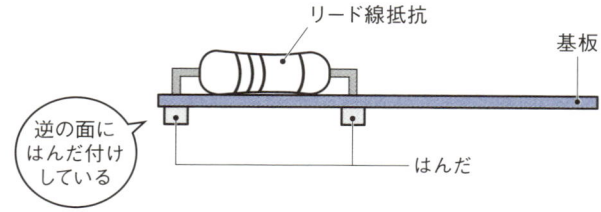

図2-3-4　表面実装の例

2-4 巻線抵抗

●巻線抵抗

巻線抵抗とは抵抗部分となる芯に対し、金属線をらせん状に巻いた抵抗のことをいいます。巻線を巻くことで、大きな電力に対応できるようになったり、精度が向上したりします。

一方、巻線を巻くために、交流電流に対してはコイルの性質（p.52）も持つことになるため、より大きな抵抗となります。この問題を解決するため、無誘導巻と呼ばれる巻き方もあります。ここでは巻線抵抗のうち、メタルクラッド抵抗、ホーロー抵抗、セメント抵抗について説明します。

●メタルクラッド抵抗

メタルクラッド抵抗は巻線抵抗に金属の外装を取り付けた抵抗です（図2-4-1）。メタルクラッドという言葉は、Metal（金属）、Clad（被覆した）を組み合わせたものになっています。メタルクラッド抵抗は大きな電流を流すことが想定されており、それに応じた熱が発生するため、放熱板や放熱フィンなどといった熱対策がなされているものもあります。

図 2-4-1　メタルクラッド抵抗

（写真提供：株式会社タマオーム）

●ホーロー抵抗

　セラミックの芯に抵抗となる金属線を巻き、琺瑯(ホーロー)の外装を取り付けた抵抗です（図2-4-2）。ホーローとは、鉄やアルミニウム、ステンレスなどといった金属の表面にガラス質の釉薬(うわぐすり)を焼き付けたものをいい、七宝焼(しっぽうやき)と呼ばれる金属工芸にも用いられます。ホーロー抵抗は高温に強いため、大電流を流すような回路に用います。

図2-4-2　ホーロー抵抗

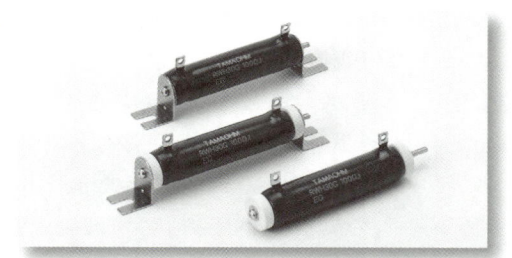

（写真提供：株式会社タマオーム）

●セメント抵抗

　巻線抵抗または、酸化皮膜抵抗をセラミックなどのケースに入れ、セメントで固めた抵抗です（図2-4-3）。セメントで抵抗を固めてしまうため、熱や振動に強い抵抗になります。

図2-4-3　セメント抵抗

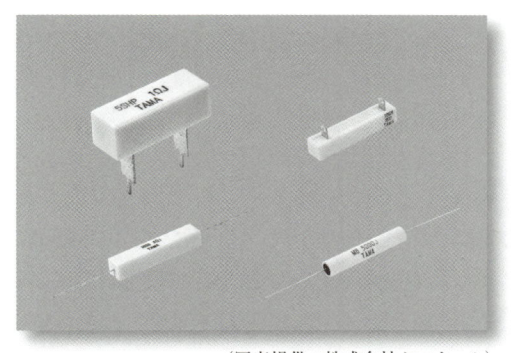

（写真提供：株式会社タマオーム）

2-5 可変抵抗

●可変抵抗

　リード線抵抗やチップ抵抗など、これまでに紹介してきた抵抗は、抵抗値が一定となるような抵抗です。このような抵抗のことを固定抵抗といいます。これに対し、抵抗値を用途によって変化させられる抵抗のことを可変抵抗といいます。図2-5-1に可変抵抗の例を示します。

　可変抵抗はポテンショメータと呼ばれることもあります。ポテンショメータ（potentiometer）とは、本来回転角や移動量を電圧に変換する電子機器のことですが、これを実現するために可変抵抗が用いられているからです。可変抵抗はボリュームの調整やラジオ等の電波の周波数を合わせるダイヤル等の用途に用いられます。

●可変抵抗の構造

　図2-5-2に可変抵抗の構造イメージを示します。リード線抵抗やチップ抵抗などの固定抵抗では2本の足が出ているのに対し、図2-5-2に示すように可変抵抗では足が3本出ています。

　図中1番と3番は固定抵抗の2本の足に当たる部分で、この間の抵抗値は変わることはありません。これに対し、1番と2番の間の抵抗値は可動部を動かすことで変化します。なお、回路図では可変抵抗は図2-5-3のような電気用図記号を用いて表現されます。

●半固定抵抗

　可変抵抗ではあるものの一度抵抗値を決めたらその値で使い続けることが意図されたような可変抵抗のことを半固定抵抗といいます。半固定抵抗は抵抗の値を調整できるという意味では可変抵抗であることに変わりはないのですが、その変更を初期設定時の調整など限られた場合のみ行うことを意図してつくられています。図2-5-4に半固定抵抗の例を示します。

図 2-5-1　可変抵抗

図 2-5-2　可変抵抗の構造

可動部が動くことで抵抗値が変化する。

1　2　3

図 2-5-3　可変抵抗を表す電気用図記号

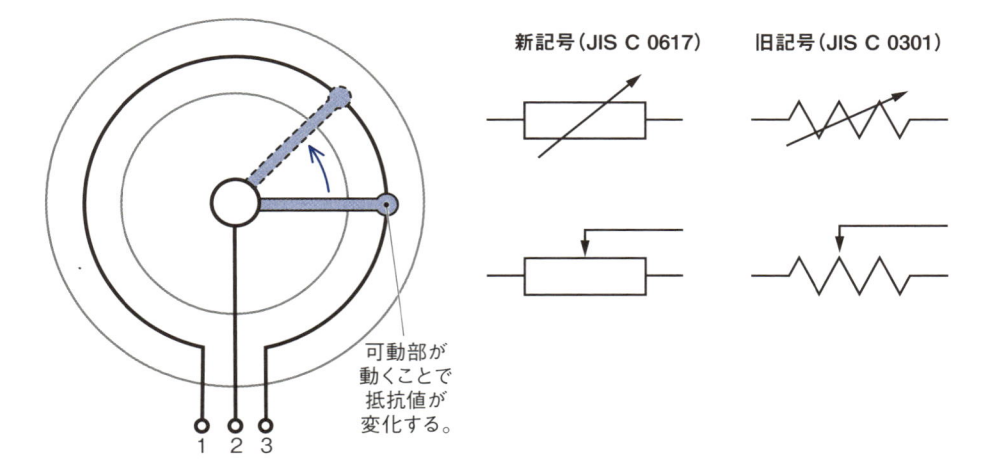

新記号（JIS C 0617）　　旧記号（JIS C 0301）

図 2-5-4　半固定抵抗

2・抵抗

⚠️ 抵抗の見分け方（カラーコード）

　抵抗には抵抗値の大きさの違いや誤差の違いなど様々な種類があります。このように多様な抵抗を素早く見分けるため、抵抗にはその抵抗値を示すカラーコードと呼ばれる色がついています。抵抗には4本から5本の色線が引かれており、その色を見ることでどのような抵抗であるかを知ることができます。カラーコードでは抵抗の値と誤差についてそれぞれ色と対応付けがされています。

　値については、0から9までの数字に10色の色が割り当てられており、表2-Aのような対応になっています。また、誤差と色の関係は表2-Bのようになっています。小型の抵抗ではカラーコードを用いず、表2-Bにあるような文字表記が用いられることもあります。抵抗に配置されたカラーコードのうち、端によっている側を先頭として、最後尾のカラーコードが誤差を、最後から2番目のカラーコードが10の何乗であるかを、残りが数値を表しています。例えば、図2-Aのような抵抗の場合、抵抗値は 10×10^6 Ωで、誤差が5%の抵抗ということになります。

表 2-A　カラーコードと数字の関係

茶	赤	橙	黄	緑	青	紫	灰	白	黒
1	2	3	4	5	6	7	8	9	0

表 2-B　カラーコードと誤差の関係

カラーコード	茶	赤	金	銀	無色
誤差	1%	2%	5%	10%	20%
文字表記	F	G	K	J	M

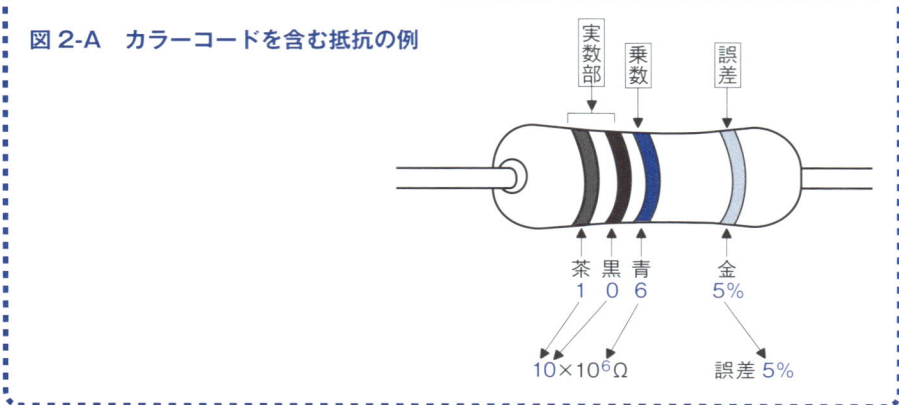

図 2-A　カラーコードを含む抵抗の例

実数部　乗数　誤差

茶 黒 青　　金
1　0　6　　5%

10×10^6 Ω　　誤差 5%

第3章

コンデンサ

コンデンサは、回路中で電気を蓄える働きを持つ電子部品です。
コンデンサの持つこの性質を用いることで
平滑回路やローパスフィルタなどを実現できます。
本章では、コンデンサの原理やその種類について解説します。

3-1 コンデンサ

●コンデンサとは

　コンデンサは、抵抗、コイルと並んで回路の基本となる電子部品です。コンデンサとは電気を蓄えるための素子であり、キャパシタとも呼ばれます。コンデンサは英語で Capacitor というため、回路図を書くときや回路理論などでコンデンサを表すときには C といった略号で表されます。

　コンデンサが電気を蓄えられる能力のことを静電容量といい、単位はF（ファラッド）で表します。静電容量は電気容量、あるいは、キャパシタンスとも呼ばれます。1Vの電圧をかけたとき、1C(クーロン)の電荷が蓄えられるような電子部品に対し、その部品の静電容量は1Fになります。

●コンデンサの種類

　図 3-1-1 は現在販売されているコンデンサをいくつか集めたものです。コンデンサは基本的には絶縁体を2枚の金属箔や金属板で挟み込むことで実現でき、金属、及び、絶縁体をどのように選択するかで種類が変わってきます。絶縁体とは、ゴムなどのように電気を通さない物質のことです。

　コンデンサには、その形状や機能などに応じて様々な種類がありますが、大きな枠組みとして電解コンデンサ、フィルムコンデンサ、セラミックコンデンサ、オイルコンデンサなどが知られています。

　このうち、電解コンデンサは金属電極の表面に化学処理をすることで絶縁体の薄膜を形成したコンデンサです。また、フィルムコンデンサはポリエチレンなどの高分子を用いたフィルムに金属を蒸着することで金属膜を構成したコンデンサです。セラミックコンデンサは絶縁体としてセラミックを利用したコンデンサになります。また、オイルコンデンサはオイルを含ませた紙を絶縁体として封入したコンデンサになります。

　抵抗に固定抵抗と可変抵抗があったように、コンデンサにも固定コンデンサと可変コンデンサがあります。固定コンデンサは静電容量の値が固定であ

るようなコンデンサです。一方、可変コンデンサは静電容量が可変であるようなコンデンサのことをいいます。

　コンデンサが同じ物質でできている場合、向かい合う金属膜の面積が大きく、膜の間の距離が短いほど大きな静電容量を持ちます（図3-1-2）。なお、回路図ではコンデンサは図3-1-3のような電気用図記号を用いて表現されます。

図3-1-1　様々なコンデンサ

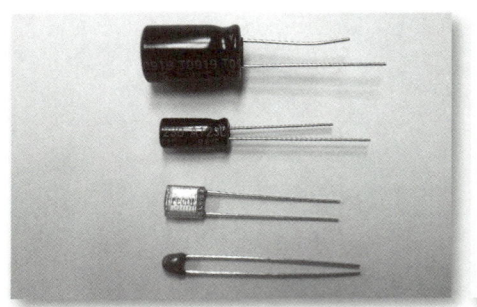

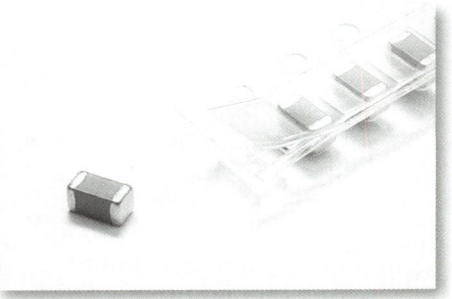

リード形コンデンサ　　　　　　　　チップ形コンデンサ

図3-1-2　コンデンサの基本構造

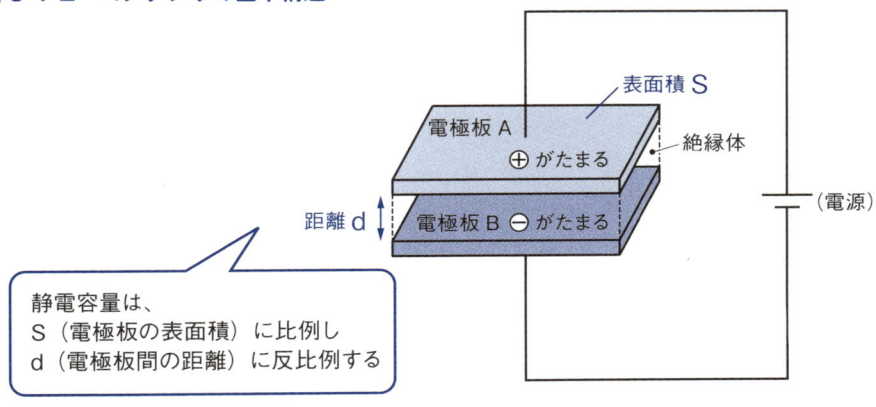

表面積S
電極板A
⊕がたまる
絶縁体
距離d
電極板B ⊖がたまる
（電源）

静電容量は、
S（電極板の表面積）に比例し
d（電極板間の距離）に反比例する

図3-1-3　コンデンサを表す電気用図記号

3-2 電解コンデンサ

●電解コンデンサ

　電解コンデンサとは、電極である金属表面に化学反応を起こすことで表面を酸化させ、金属表面に絶縁体を形成させたコンデンサです。電解コンデンサ作製の際に行われる表面加工処理のことを化成処理といいます。また、電解コンデンサ作成の際には片方の電極にだけ化成処理がなされることが多く、そのように加工された電解コンデンサは極性を持ちます。

　リード線につなぐべき電池の正極、負極の向きが決まっているようなコンデンサのことを、極性のあるコンデンサといいます。極性がある場合、リード線の長い方から短い方に電流が流れるように回路をつくります。つまり、長い方は陽極、短い方は陰極になります。

　電解コンデンサに制限された電圧を超える電圧をかけたり、正と負を逆向きに電圧をかけると、破裂したり発熱することがあるので扱いには注意が必要です。

●アルミ電解コンデンサ

　アルミ電解コンデンサ（図3-2-1）は金属箔としてアルミ箔を用いた電解コンデンサです。図3-2-2に示すように、アルミ電解コンデンサは陽極箔、陰極箔で電解液を含んだ電解紙を挟み込み巻いたものがケースに封入された構造になっています。陽極箔、陰極箔からはそれぞれリード線が引き出されており、これらに電源をつなぐことで電気を蓄えておくことができます。

●タンタル電解コンデンサ

　タンタル電解コンデンサ（図3-2-3）は、アルミ電解コンデンサで用いられるアルミ箔の代わりにタンタルと呼ばれる銀灰色の希少金属を用いた電解コンデンサです。アルミ電解コンデンサに比べて、小型にでき、また周波数特性がよいという利点があります。一方、タンタルは希少金属であるため、

価格は高価になる傾向にあります。

図 3-2-1　アルミ電解コンデンサ

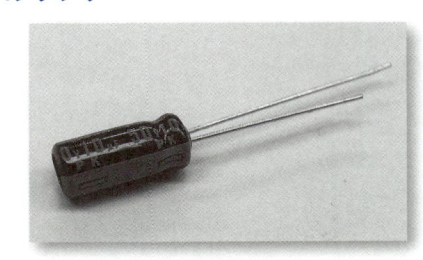

図 3-2-2　アルミ電解コンデンサの構造

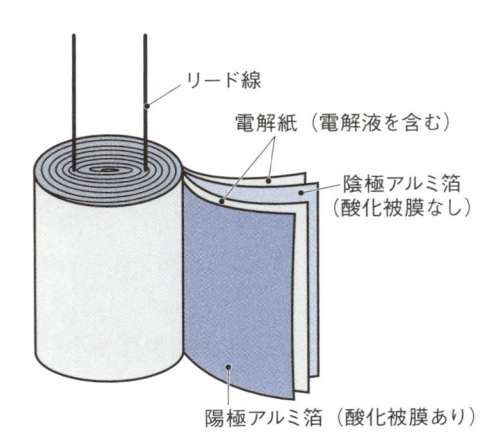

リード線
電解紙（電解液を含む）
陰極アルミ箔（酸化被膜なし）
陽極アルミ箔（酸化被膜あり）

図 3-2-3　タンタル電解コンデンサ

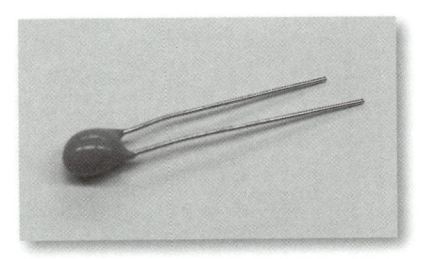

3-3 フィルムコンデンサ

●フィルムコンデンサ

　フィルムコンデンサとはポリエステルやポリプロピレンなどのプラスチックフィルムを用いたコンデンサです。フィルムコンデンサでは、金属箔と金属箔の間の絶縁体としてプラスチックフィルムを用います。用いるプラスチックの違いによって電気の通しやすさが異なるため、プラスチックの違いがコンデンサの性能の違いとして現れます。

　フィルムコンデンサに用いられるプラスチックとしては、ポリスチレン、ポリプロピレン、ポリエステルなどがあります。電解コンデンサと異なり、極性はありません。

●スチロールコンデンサ

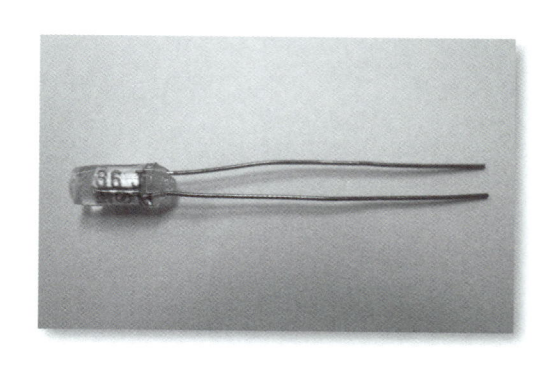

　スチロールコンデンサ（図3-3-1）は、コンデンサの絶縁体としてポリスチレンフィルムを用いたフィルムコンデンサです。スチロールコンデンサの頭を取って、スチコンとも呼ばれます。

　ポリスチレンは、絶縁性が高く、成形が容易であり、価格も安価であるなどの利点がありますが、熱に弱いという欠点があり、はんだ付けなどの際には注意が必要になります。

図 3-3-1　スチロールコンデンサ

●ポリエステルコンデンサ

ポリエステルコンデンサ（図3-3-2）は、ポリエステルを用いたフィルムコンデンサです。アメリカの総合化学メーカーであるデュポン社がポリエステルフィルムを最初に開発したとき、その商標をマイラー（Mylar）としたため、その名を取ってマイラとも呼ばれます。

安価で使いやすいですが、絶縁性がやや弱いため、静電容量に誤差が生じやすいという欠点があります。

図 3-3-2　ポリエステルコンデンサ

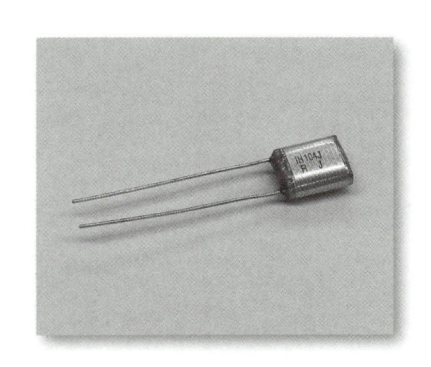

●ポリプロピレンコンデンサ

ポリプロピレンコンデンサ（図3-3-3）はポリプロピレンを用いたフィルムコンデンサです。ポリプロピレンコンデンサは、poly-propyleneの頭文字を取ってPPコンなどと呼ばれます。

ポリプロピレンはポリエステルなどと比べて精度が高く、熱にも強いなど優れた特性を持ちますが、やや高価であるという欠点があります。

図 3-3-3　ポリプロピレンコンデンサ

3-4 セラミックコンデンサ

●セラミックコンデンサ

　セラミックコンデンサは、コンデンサの絶縁体にセラミックを利用したコンデンサです。セラミックとは陶磁器のことであり、広い意味では粘土を焼いて固めたすべてのものをいいますが、実際には酸化チタンやアルミナなどといった金属酸化物を焼き固めたものが用いられます。
　セラミックコンデンサは、大きな電流を流しても発熱が小さいという利点があるため、携帯電話などで用いられます。

●セラミックコンデンサの構造による分類

　セラミックコンデンサはその構造から円板型セラミックコンデンサ（図3-4-1）と積層型セラミックコンデンサ（図3-4-2）に分けられます。円板型セラミックコンデンサは、円形のセラミックの両面に金属板を付けた単層構造になっています（図3-4-3）。一方、積層型セラミックコンデンサはセラミックと金属板を多層にすることで表面積をかせぎ、より大きな静電容量を得ています。積層型セラミックコンデンサでは、内部電極が多層で折り重なっており金属板の表面積が広くなっています（図3-4-4）。

●セラミックコンデンサの特性による分類

　セラミックコンデンサはその特性に応じて、2種類のコンデンサに分けられます。このうち1つ目は温度補償型コンデンサと呼ばれ、静電容量の温度による変化が比較的少ないものをいいます。
　これに対し、2つ目は高誘電率型コンデンサと呼ばれ、静電容量の温度による変化は大きい一方、容量が大きく設定できるものをいいます。これらの規格はJIS規格により定められています。

図 3-4-1　円板型セラミックコンデンサ

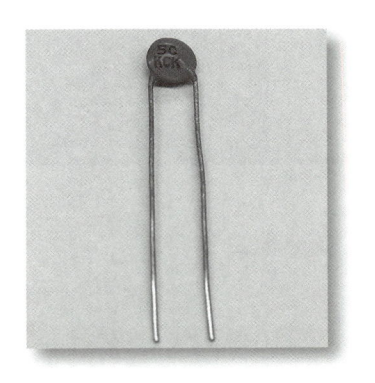

図 3-4-2　積層型セラミックコンデンサ

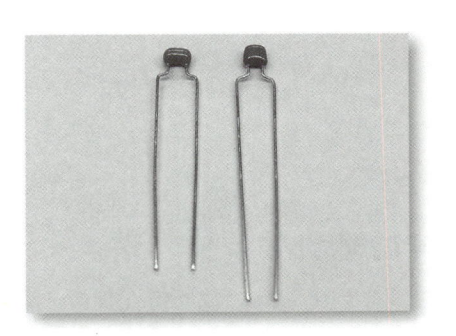

3・コンデンサ

図 3-4-3
円板型セラミックコンデンサの構造

図 3-4-4
積層型セラミックコンデンサの構造

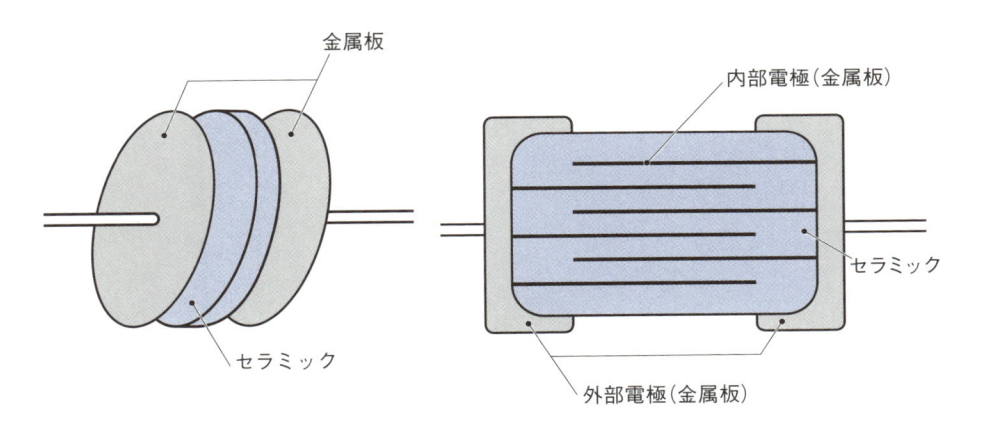

3-5 可変コンデンサ

●可変コンデンサ

　フィルムコンデンサやセラミックコンデンサなどこれまでに紹介してきたコンデンサは、静電容量が一定となるようなコンデンサです。このようなコンデンサのことを固定コンデンサといいます。これに対し、静電容量値を用途によって変化させられるコンデンサのことを可変コンデンサといいます。

　可変コンデンサは英語でバリアブルコンデンサ（Variable condenser）というため、バリコンとも呼ばれます。可変コンデンサのうち、金属板と金属板の間に配置する絶縁体をプラスチックに担わせているものをポリバリコンといいます。一方、絶縁体を空気に担わせているものをエアバリコンといいます。

●半固定コンデンサ

　可変コンデンサではあるものの、一度静電容量を決めたらその値で使い続けることを意図した可変コンデンサのことを半固定コンデンサといいます。微調整が可能な可変素子のことを英語でトリマ、あるいは、トリマデバイスというため、トリマ・コンデンサとも呼ばれます。

　半固定コンデンサは静電容量の値を調整できるという意味では可変コンデンサであることに変わりはないのですが、その変更は初期設定時の調整など限られた場合のみ行われます。図3-5-1に半固定コンデンサの例を示します。半固定コンデンサはドライバなどを用いて調整します。

図 3-5-1　半固定コンデンサ

●可変コンデンサの構造

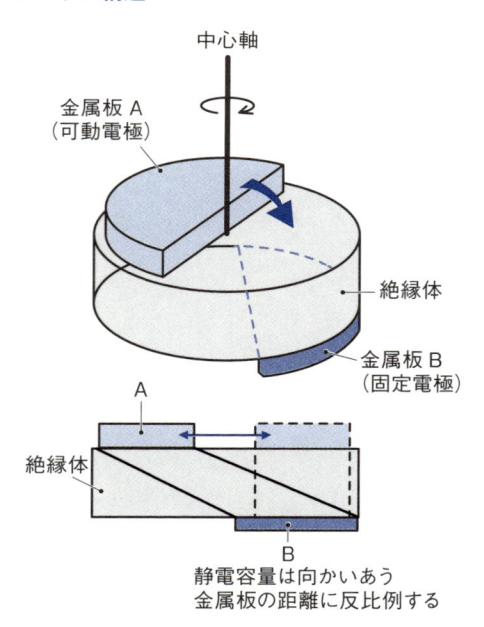

　可変コンデンサの基本的な構造は固定コンデンサと同じであり、向かい合わせた2枚の金属板の間に絶縁体が挟まれています。

　可変コンデンサではこの金属板が回転によってずらせるように設計してあり（図3-5-2）、金属板を回転させると重なり合う金属板の面積が変化するようになっています。コンデンサの静電容量は向かい合う金属板の距離に反比例し、向かい合う金属板の面積に比例するため、結果的に金属板の回転によってコンデンサの静電容量が変化することになります。

図3-5-2　可変コンデンサの構造

⚠ 電子部品の規格

　電子部品は多くの電子機器に利用される汎用的な部品であるため、統一的な規格が不可欠です。また、環境や人体への配慮から安全性を確保するために規制が設けられている地域もあります。このような電子部品の互換性や安全性を保つため、JIS や RoHS などの規格が定められています。

JIS

　JIS（ジス）とは、日本語では日本工業規格といい、その英語名である Japanese Industrial Standards の頭文字を取っています。Standards には規格という意味が含まれていますが、JIS 規格と呼ばれることもあります。

　また、JIS マークとは、マークの表示された製品が、該当する JIS に適合していることを証明するマークであり、法律に基づいた制度です。JIS マークを図 3-A に示します。

図 3-A JIS マーク

RoHS 指令

　RoHS（ローズ、ロハス）指令とは欧州連合（EU）が採択している電子機器に利用される特定有害物質の制限に関する指令です。RoHS は、Restriction of Hazardous Substances の頭文字を取っています。日本語にすると、有害性物質に関する制限という意味になります。

　CdS センサに含まれるカドミウムや、半導体のはんだに利用される鉛など電子部品には単体では有害となる物質が用いられているものもあり、それらが含まれている電子部品には RoHS による制限がかかっています。ただし、代替品がないものについては例外措置が取られているものもあります。

第4章

コイルとトランス

コイルとトランスは、導線をらせん状に巻いた電子部品です。
コイルは電流の変化に対して抵抗となるような性質を持ちます。
トランスはコイルを二つ合わせた変圧器のことをいいます。
本章では、コイルとトランスの原理やその種類について解説します。

4-1 コイル

●コイルとは

　コイルは、抵抗、コンデンサと並ぶ回路の基本となる電子部品です。コイルは針金のような細い金属を、らせん状に巻いた電子部品であり（図4-1-1）、電流の変化に対して起電力が発生する性質を持ちます。このようにして発生する起電力のことを誘導起電力といいます。また、コイルの持つこのような性質のことをインダクタンスと呼びます。また、インダクタンスを利用することを前提に利用されるコイルは、インダクタなどとも呼ばれます。

　コイルの持つインダクタンスの単位はH（ヘンリー）という単位で定義されます。1秒間あたり、1Aの電流変化が生じた際、1Vの起電力が発生するようなコイルがあったとき、そのコイルの持つインダクタンスは1Hとなります。

　回路図や回路理論などでコイルを表すときにはLという略号が用いられます。なお、抵抗、コイル、コンデンサを含むような回路のことをRLC回路といい、さまざまな回路で用いられる基本的な回路となります。

図4-1-1　コイルの構造

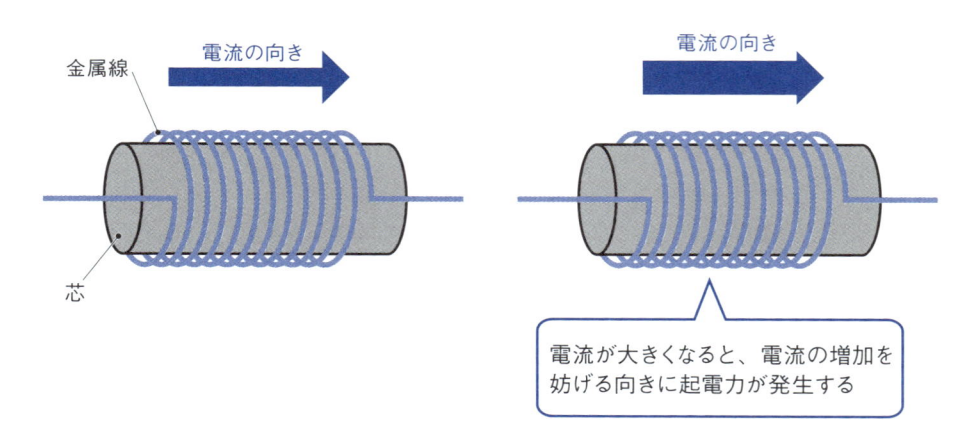

電流の向き　　　　　　　電流の向き

金属線

芯

電流が大きくなると、電流の増加を妨げる向きに起電力が発生する

●コイルの種類

　図4-1-2は現在販売されているコイルをいくつか集めたものです。コイルは基本的に金属線をらせん状に巻いた電子部品であり、インダクタンスを変化させるため、中に鉄などの芯を含ませることも多くあります。そのため、コイルには芯に用いる物質の材質の違いや構造の違いによっていくつかの種類があります。主要なコイルは次項より詳しく説明します。

　芯を内部に含むコイルのことをコアコイルといい、芯を内部に含まないコイルのことを空芯コイルといいます。コイルに用いる芯には、磁性の高い物質を利用する必要があるため、鉄心やフェライト芯などが用いられます。ここで、フェライトとは酸化鉄を主成分としたセラミックのことをいいます。

　コイルの中心に磁性の高い芯を含ませることでコイルは空芯のときに比べて非常に高いインダクタンスを持つようになります。なお、回路図ではコイルは図4-1-3のような電気用図記号を用いて表現されます。

図 4-1-2　様々なコイル

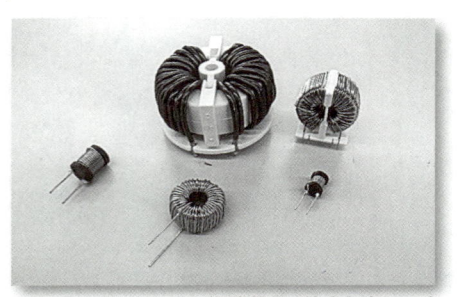

（写真提供：株式会社ウエノ）

図 4-1-3　コイルを表す電気用図記号

新記号（JIS C 0617）　　旧記号（JIS C 0301）

4-2 トロイダル・コイル

●トロイダル・コイル

トロイダル・コイルとは、芯に円環状の芯を用いたコイルで、高周波回路などに用いられます。トロイダル（Toroidal）には「ドーナツ状の」という意味があります。芯がリング状の形状であるため、リングコイルとも呼ばれます。トロイダル・コイルの例を図4-2-1に示します。

芯を円環状にすることで外に漏れる磁場が少ないという利点があり、ほかの電子部品への影響が棒状のコイルに比べて少なくなります。トロイダル・コイルのインダクタンスは芯の材質や金属線の巻き数、芯となるリングの断面積などによって決まります。

図4-2-1　トロイダル・コイル

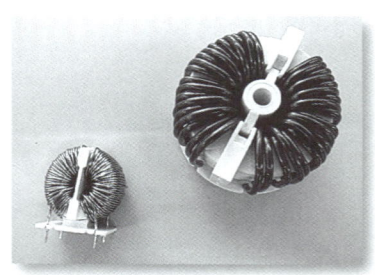

（写真提供：株式会社ウエノ）

●アンペールの法則

トロイダル・コイルにおいて、漏れる磁場が少ないのはアンペールの法則と呼ばれる法則のためです。アンペールの法則とは、流れる電流とその周りにできる磁場の関係に関する法則であり、電流の流れる向きに対して右ねじの回る向きに磁場ができるという法則です。

例えば、トロイダル・コイルに対し、図4-2-2のように電流を流したとします。簡単のため、コイルは一部を記述し、電流が奥から手前に流れている場合、○に・の記号（⊙）で、電流が手前から奥に流れている場合には、○に×の記号（⊗）でそれぞれ表しています。

トロイダル・コイルのように金属線がドーナツ状の芯に巻きつけられたとき、図 4-2-2 に示すように磁場の多くが芯の中に閉じ込められます。そのため、トロイダル・コイルを用いると電流の発生による外部への磁場の影響を抑えることができます。この特性によって、電波障害などが起こりにくくなるという利点があるため、トロイダル・コイルは高周波回路に用いられます。

図 4-2-2
トロイダル・コイルにおける電流と磁場の関係

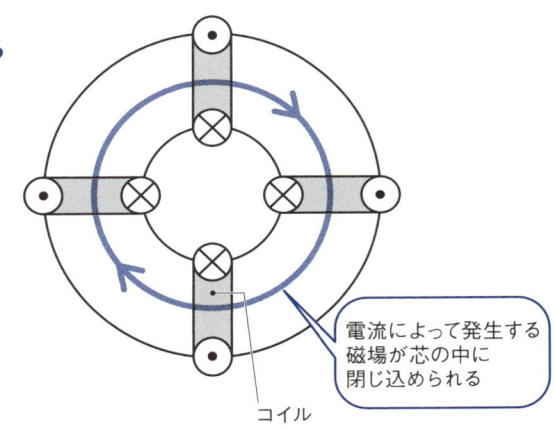

電流によって発生する磁場が芯の中に閉じ込められる

コイル

●トロイダル・コア

　トロイダル・コイルはコイルを巻いた状態だけでなく、芯だけでも売られています。この芯のことをトロイダル・コア（図 4-2-3）といい、主要なメーカーのものはその性能によって色分けされています。

図 4-2-3
トロイダル・コア

（写真提供：株式会社ウエノ）

4-3 チョークコイルと同調コイル

●チョークコイル

チョークコイル(Choke coil)とは目的とする周波数よりも高い周波数を持つ電流を通さないようにすることを目的としたコイルです。Chokeには詰まらせるという意味があります。その形状は直線状タイプ、コロイダルタイプなど様々で、大きさもまちまちです。図4-3-1にチョークコイルの例を示します。

図4-3-1 チョークコイル

(写真提供：株式会社ウエノ)

●電源用チョーク

チョークコイルのうち、特に電源から発生する雑音などを除去する目的で利用するコイルのことを電源用チョークといいます。電源用チョークはパワーインダクタとも呼ばれます。電源用チョークにはチップ状で小型のものから、大きな電流を流せる大型のものまでさまざまな種類があります。電源用チョークの例を図4-3-2に示します。

図4-3-2 電源用チョーク

(写真提供：株式会社ウエノ)

●同調コイル

同調コイルとはコイルとコンデンサを組み合わせることで、目的とする周波数のみを通すようにしたコイルです。チョークコイルが雑音を抑えることを目的としているのに対し、同調コイルは特定の信号を取得することを目的としています。例えば、ラジオでは特定の周波数を持つ電波に情報がのせられています。同調コイルは、このような場合に必要となる周波数の信号だけを取り出す目的で用いられます。

●バーアンテナ

バーアンテナ(図4-3-3)は、同調コイルに対して、コアを長くすることでアンテナの機能も持たせたコイルです。芯の部分にはフェライトなどの透磁率の高い物質が用いられます。アンテナの小型化が可能であるため、携帯用のラジオなどに用いられます。

図4-3-3　バーアンテナ

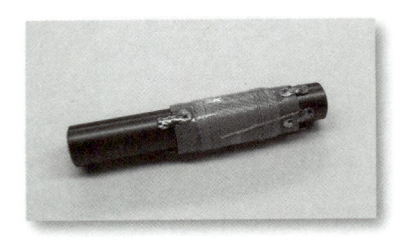

4-4 変圧器（トランス）

●変圧器（トランス）とは

変圧器とは、ある電圧を別の電圧に変換するための装置です。変圧器のことを英語で Transformer というため、その先頭の文字を取ってトランスともいいます。図 4-4-1 にトランスの例を示します。日本では家庭用の電源の電圧は 100V ですが、家電などの電子機器で実際に電気を利用する際にはもっと低い電圧を用います。変圧器はこのような際に用いられます。

図 4-4-1　変圧器（トランス）

●トランスの構造

変圧器は 1 つのコアに 2 つ以上のコイルを巻きつけた構造になっています。最も基本的な変圧器の構造と変圧器による変圧の過程を図 4-4-2 に示します。ここで入力側のコイルを一次コイル、出力側のコイルを二次コイルといいます。変圧器ではまず、図 4-4-2 ①のように入力電圧により一次コイルに交流電流が流れ、結果としてコア内の磁場が変化します。一次コイルと二次コイルではコアが共通であるため、図 4-4-2 ②のように二次コイルを貫く磁場が変化します。結果として、図 4-4-2 ③のように二次コイル側に出力電圧が発生します。

入力電圧と出力電圧の比率は、基本的に一次コイル、二次コイルの巻き数の比で決まります。今、入力電圧と出力電圧をそれぞれ V_1、V_2 とし、一次コイル、二次コイルの巻き数をそれぞれ N_1、N_2 とすると、以下のような関

係が成り立ちます。

$V_1 / V_2 = N_1 / N_2$

つまり、一次コイルの巻き数に対し、二次コイルの巻き数が小さいほど、出力電圧は小さくなります。変圧器はコイルを貫く磁場の変化を利用して電圧を変換するため、変換できる電圧は交流のみであり、直流電圧は変換できません。

図 4-4-2　変圧器の構造と変圧器による変圧過程

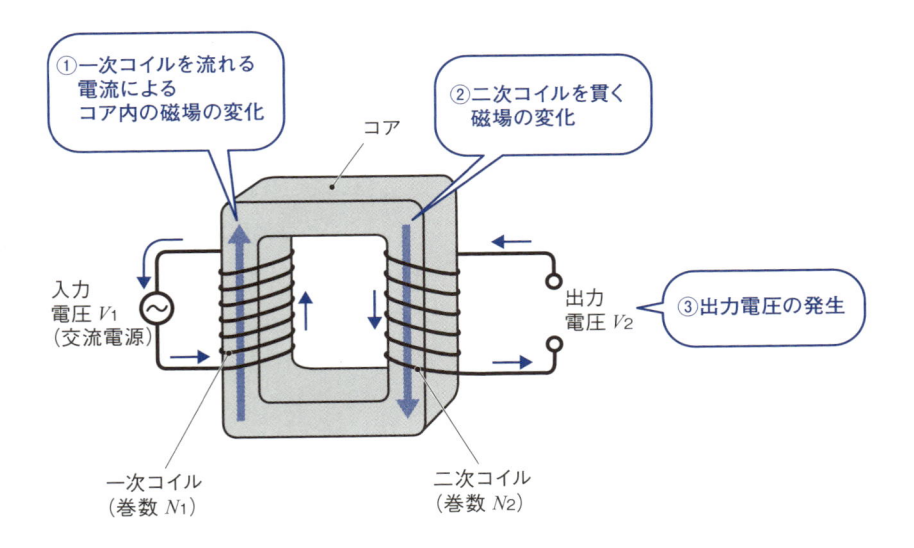

- ①一次コイルを流れる電流によるコア内の磁場の変化
- ②二次コイルを貫く磁場の変化
- コア
- 入力電圧 V_1（交流電源）
- 出力電圧 V_2
- ③出力電圧の発生
- 一次コイル（巻数 N_1）
- 二次コイル（巻数 N_2）

4-5 変圧器（トランス）の種類

●アップトランスとダウントランス

　アップトランスとは、電圧を上げるような作用を持つ変圧器のことです。電圧を上げることを昇圧するというため、昇圧変圧器とも呼ばれます。これに対し、ダウントランスとは電圧を下げるような作用を持つトランスのことをいいます。電圧を下げることを降圧というため降圧変圧器とも呼ばれます。

　アップトランス、ダウントランスが用いられる身近な例として、海外旅行で使用する変圧器が挙げられます。一般的に、海外で利用される電圧は220Vや240Vなど、日本よりも高い電圧であることが多いです。このため、日本の製品を海外で利用するためにはダウントランスが必要になります。一方、海外の製品を日本で利用するためにはアップトランスが必要になります。

●単相交流変圧器、三相交流変圧器

　1本の線を用いて送られる交流のことを単相交流といいます。一般家庭で用いられている電源も通常は単相交流です。これに対し、電気を送る際、3本の電線に対して、3つの電圧の位相を120度ずつずらして送ることがあります。このような電流や電圧のことを三相交流といいます。三相交流のイメージを図4-5-1に示します。

　単相交流を変圧するような変圧器のことを単相交流変圧器と呼びます。これに対し、三相交流を変圧するような変圧器のことを三相交流変圧器と呼びます。単相交流変圧器、及び、三相交流変圧器の例を図4-5-2、図4-5-3に示します。三相交流電源はモータなどの動作のために用いられています。また、三相交流から単相交流に変換する変換機を相変換変圧器と呼びます。

図 4-5-1　三相交流

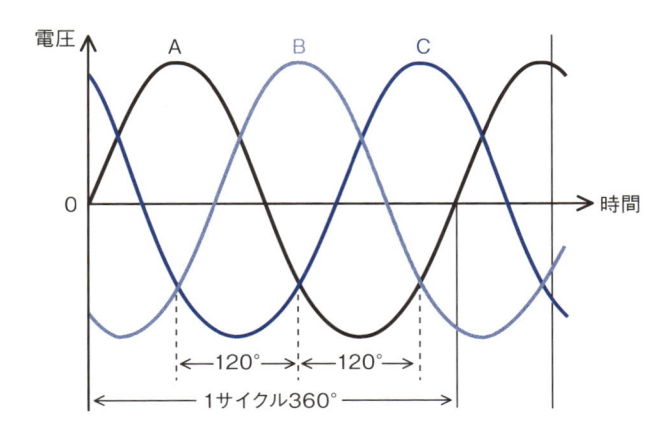

図 4-5-2　単相交流変圧器

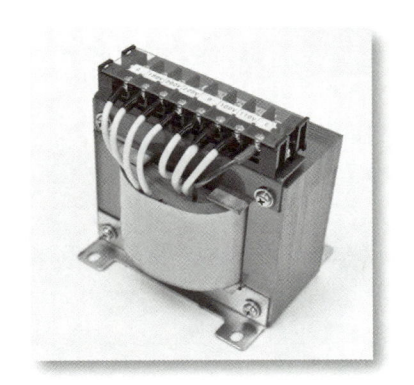

図 4-5-3　三相交流変圧器

(写真提供：株式会社中村電機製作所)

運動方程式と回路方程式

物体の運動を表現する運動方程式と、回路内の電圧と電流の関係を表現する回路方程式には非常に高い類似性があります。例えば、抵抗、コイル、コンデンサを含む RLC 回路と、質量 (m)、ダンパ (c)、ばね (k) を含む減衰系の運動方程式は同じ微分方程式で表せます。以下に外部からの入力がない場合の運動方程式と回路方程式の例を示します。

運動方程式

$$m\frac{d^2y}{dt^2} + c\frac{dy}{dt} + ky = 0$$

回路方程式

$$L\frac{d^2Q}{dt^2} + R\frac{dQ}{dt} + \frac{1}{C}Q = 0$$

運動方程式と同じ意味を持つ回路のことを、運動方程式の等価回路といいます。

表4-A 運動方程式と回路方程式の各因子の対応

運動方程式	回路方程式
質量　m(kg)	インダクタ　L(H)
ばね定数　k(N/m)	キャパシタ　$1/C$(1/F)
減衰係数　c(N·s/m)	抵抗　R(Ω)

第5章

ダイオード

ダイオードとは、電流を一方向にしか流さないような電子部品です。
現在はほとんどのものが半導体でつくられており、
整流素子や発光素子として用いられます。
ここでは、ダイオードの基本原理やその種類について解説します。

5-1 ダイオード

●ダイオードとは

　ダイオードとは電流をある一定の方向にしか流さないような電子部品です。かつては真空管を用いた2極真空管というものもありましたが、現在、ダイオードといえば半導体を用いたものを指すことがほとんどです。特に現在よく用いられるのは、p型半導体とn型半導体を組み合わせたpnダイオードです。ダイオード(Diode)とは、ギリシャ語のDi(2つの)とhodós(道)を組み合わせた造語で、電極を表すElectrodeなど-odeという接尾語がつく電子回路関連の単語は比較的よく見られます。例えば、ダイオードの陽極のことをアノード（Anode)、陰極のことをカソード(Cathode)といいます。アノード側からカソード側には電流を通しますが、カソード側からアノード側へはほとんど電流が流れません。ダイオードの持つこのような作用のことを整流作用といいます。

　ダイオードには、整流ダイオードや発光ダイオード、ツェナーダイオードなど様々な種類があります。ダイオードには電流をある一定の方向にしか流さないという性質があるため、逆向きに電圧をかけると部品が壊れることがあるので注意が必要です。

●ダイオードの種類

　図5-1-1は現在販売されているダイオードをいくつか集めたものです。これらのダイオードは電流をある一定の方向にしか流さないという点では共通していますが、それぞれ用途が異なっています。例えば、レーザーダイオードはレーザーを発生させるため、発光ダイオードは光を発生させるため、ツェナーダイオードは定電圧を得るためのダイオードになります。基本的なダイオードは図5-1-2のような電気用図記号を用いて表現されます。ダイオードの電気用図記号は電流の向きを含んでおり、図5-1-3のように左側がアノード、右側がカソードを示します。

図 5-1-1　さまざまなダイオード

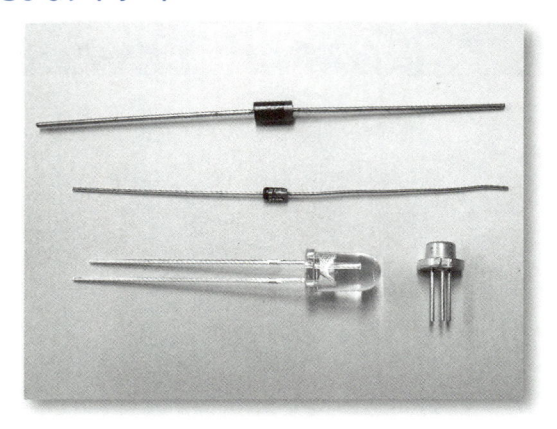

図 5-1-2　ダイオードを表す電気用図記号

新記号（JIS C 0617）　　　旧記号（JIS C 0301）

図 5-1-3　ダイオードの向き

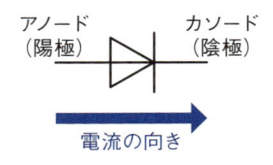

アノード　　　カソード
（陽極）　　　（陰極）

電流の向き

5・ダイオード

5-2 pn ダイオード

● pn ダイオード

pn ダイオードとは、p 型半導体と n 型半導体をくっつけた pn 接合と呼ばれる接合によって実現されたダイオードです。整流用に作製された pn ダイオードの例を図 5-2-1 に示します。

p 型半導体とは正の電荷にあたる正孔が移動することで電流が生じる半導体で、4 価元素であるシリコンにガリウムやインジウムなどの 3 価元素を微量に混ぜることでつくられています。一方、n 型半導体とは負の電荷にあたる電子が移動することで電流が生じる半導体で、4 価元素であるシリコンにリンやヒ素などの 5 価元素を微量に混ぜることでつくられています。4 価元素に 3 価元素を混ぜることによって p 型半導体は電子が足りない状態になっています。一方、4 価元素に 5 価元素を混ぜることによって n 型半導体は電子が余っている状態になっています。

図 5-2-1　pn ダイオード

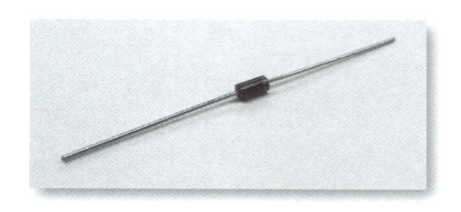

● pn ダイオードの動作原理

pn ダイオードは図 5-2-2 に示すように p 型半導体と n 型半導体をくっつけた構造になっています。p 型半導体と n 型半導体をくっつけると図 5-2-3 のように空乏層ができます。空乏層とは p 型半導体の正孔と、n 型半導体の自由電子が打ち消しあい、電気を運ぶ担い手がいなくなっているような領域です。

p 型から n 型の方に電流を流そうとした場合、図 5-2-4 のように空乏層の部分に n 型半導体から自由電子が、p 型半導体からは正孔が流入するため、

空乏層に電気を運ぶ担い手が供給され電気が流れるようになります。

　一方、n型からp型の方に電流を流そうとすると、図5-2-5のようにn型半導体の自由電子とp型半導体の正孔の移動の向きが逆になるため、電気は流れません。これがダイオードで電流が一方向にしか流れない基本的な仕組みになります。

図5-2-2
pnダイオードの構造

図5-2-3
pnダイオードの状態

図5-2-4
p型からn型に電圧をかけた場合

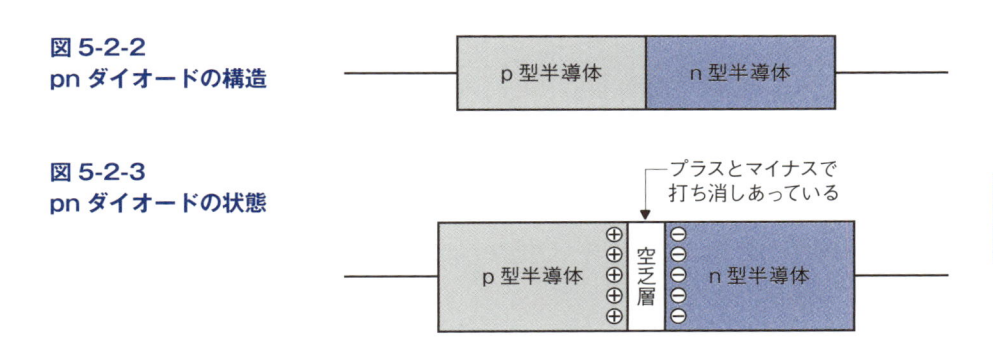

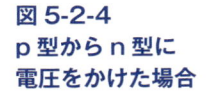

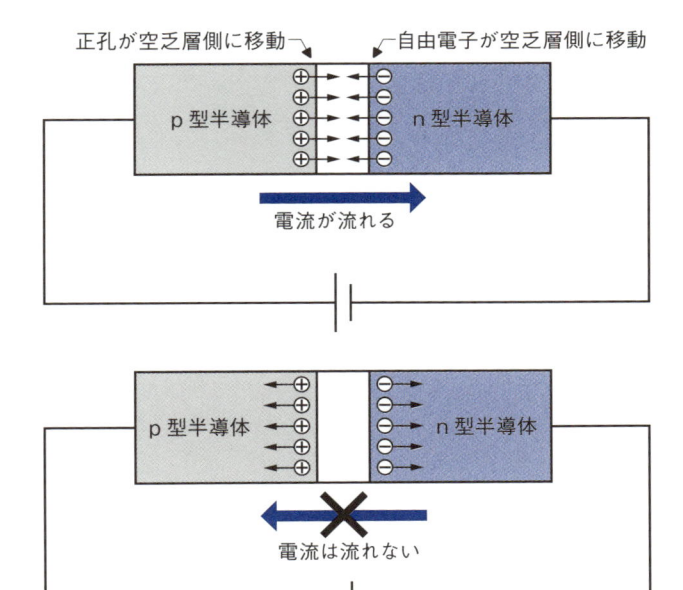

図5-2-5
n型からp型に電圧をかけた場合

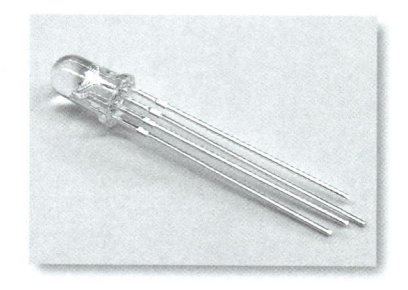

5-3 発光ダイオード

● 発光ダイオード (LED)

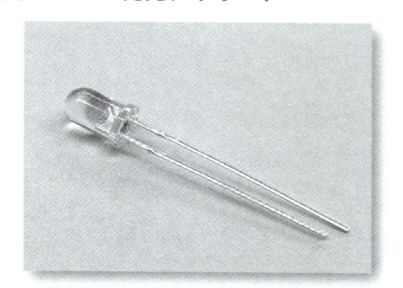

　発光ダイオードとは、ダイオードの中でも特に光を発するダイオードのことをいいます。英語で Light Emitting Diode というため、その頭文字を取って LED などとも呼ばれます。基本的なダイオードと同じように発光ダイオードにも極性があります。発光ダイオードの例を図 5-3-1 に示します。図中、線の長い方が＋側 (アノード)、短い方が－側 (カソード) です。

　光の 3 原色である赤色、緑色、青色の発光ダイオードを組み合わせることですべての色を表現できるようにしたフルカラー LED という発光ダイオードもあります (図 5-3-2)。フルカラー LED ではそれぞれの色を制御するため、端子が 4 つついています。

　発光ダイオードの電気用図記号は図 5-3-3 のようになります。発光ダイオードは白熱電球などに比べて消費電力が少なく、寿命も長いため、現在、照明などへの普及が進みつつあります。

図 5-3-1　発光ダイオード

図 5-3-2　フルカラー LED

図 5-3-3　発光ダイオードを表す電気用図記号

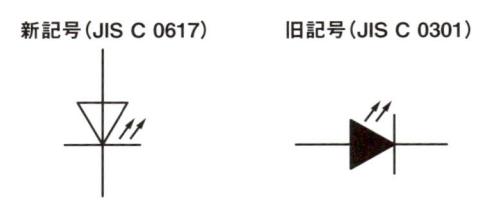

新記号（JIS C 0617）　　　旧記号（JIS C 0301）

●発光ダイオードの構造

　発光ダイオードもまた、p型半導体とn型半導体をくっつけた構造をしています。図5-3-4のように発光ダイオードでは、pn接合部で正孔と自由電子が結合することで発光します。発光ダイオードの持つこの性質のことを電流注入発光といいます。発光ダイオードがどのような色で発光するかは用いている半導体の種類によって決まります。

図 5-3-4　発光ダイオードの原理

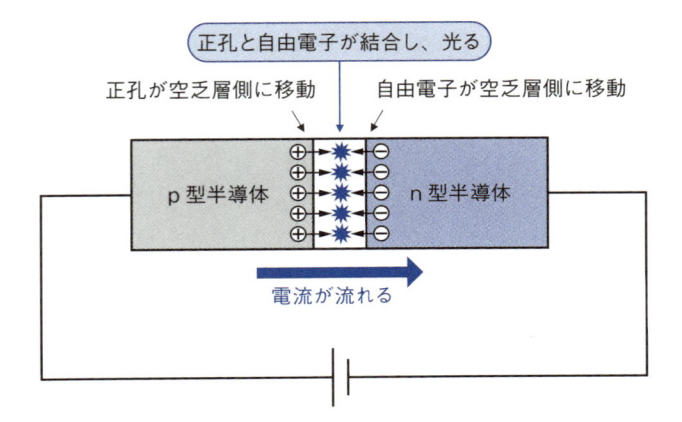

5-4 レーザーダイオード

●レーザーダイオード

　レーザーダイオードとは、電圧をかけるとレーザー光を発するようなダイオードです。Laser Diode の頭文字を取って、LD などとも略されます。レーザーダイオードの例を図 5-4-1 に示します。

　レーザーダイオードは、光を出すダイオードという意味では LED の一種ですが、出す光がレーザー光であることが通常の LED と異なります。LED もレーザーダイオードも p 型半導体と n 型半導体をくっつけた pn 結合の構造をしており、正孔と自由電子が結合することで発光します（p.69 図 5-3-4）。

図 5-4-1　レーザーダイオード

● LED とレーザーダイオードの違い

　LED とレーザーダイオードは光を出すという意味ではよく似ていますが、出す光の性質に違いがあります。

　蛍光灯や LED の出す光の振幅や波長にはばらつきがあります。これに対し、レーザー光とは位相と周波数がそろったような光のことをいいます。このような位相と周波数がそろったような光のことをコヒーレントな光といいます。これに対し、蛍光灯や LED の出すような位相や周波数のそろっていない光のことをインコヒーレントな光といいます（図 5-4-2）。

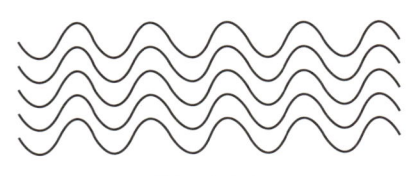

　コヒーレント（coherent）には「位相のそろった」という意味があります。レーザー光のようなコヒーレントな光は指向性が高く、波長が一定であるという特徴があります。レーザーダイオードは小型で比較的安価なため、レーザーポインタや、CD や DVD のデータの読み取りなど様々な用途に用いられています。

図 5-4-2　インコヒーレントな光とコヒーレントな光

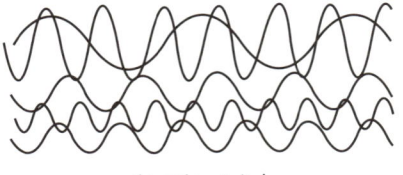

インコヒーレント　　　　　　　コヒーレント

5-5 フォトダイオード

●フォトダイオード

フォトダイオード（図5-5-1）は、LEDやレーザーダイオードのように光を出すのではなく、光を検出するためのダイオードです。フォトダイオードはLEDと逆の原理で動作するダイオードであり、光センサとしても一般的なものです。フォトダイオードの電気用図記号は図5-5-2のようになります。

図 5-5-1　フォトダイオード

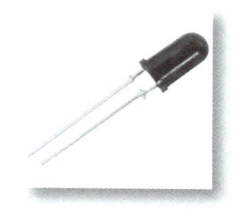

図 5-5-2　フォトダイオードを表す電気用図記号

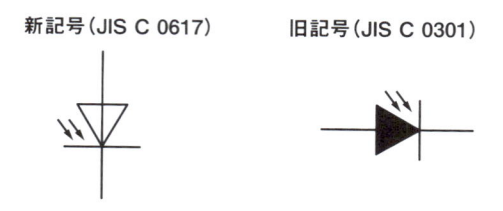

新記号（JIS C 0617）　　　旧記号（JIS C 0301）

●フォトダイオードの動作原理

　フォトダイオードには、pn 型ダイオードを用いたタイプと、p 型半導体と n 型半導体の間に不純物をほとんど含まない真性半導体(i 型半導体)を含んだ pin 型ダイオードを用いたタイプがあります。ここでは、このうち、pn 型ダイオードを用いたタイプについて説明します。pn 型フォトダイオードは p 型半導体と n 型半導体をくっつけた構造になっており、pn 接合部には光が入るように設計されています。

　フォトダイオードに光が入射すると、半導体の空乏層部分で励起が起き、図 5-5-3 のように、n 型半導体内で自由電子が発生します。空乏層で発生した自由電子は n 型半導体内を図中右方向に移動します。結果として、フォトダイオードには、図 5-5-3 のような方向に電流が流れます。

　半導体に光を当てることで起電力が発生するこの効果のことを、光起電力効果といいます。回路中にフォトダイオードを用い、光起電力効果によって生じる電流を検知することで、光を検知することができます。また、太陽電池はダイオードに光を当てると起電力が発生するという光起電力効果の原理を電池という形で応用しています（p.126）。

図 5-5-3　フォトダイオードの構造

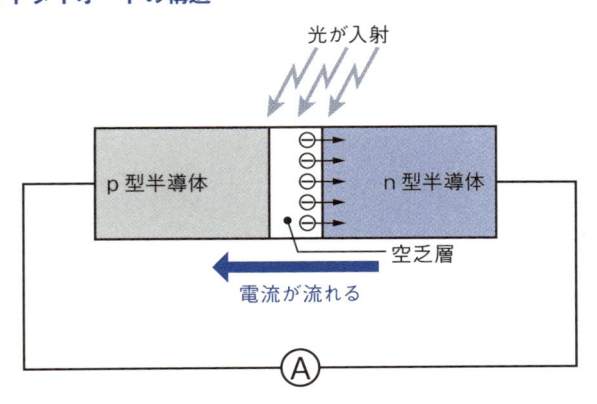

5-6 ツェナーダイオード

●ツェナーダイオード

ツェナーダイオードとは、回路内で一定の電圧を得るために用いられるダイオードです。定電圧ダイオードとも呼ばれます。図5-6-1にツェナーダイオードの例を示します。また、図5-6-2にツェナーダイオードの電気用図記号を示します。

図5-6-1 ツェナーダイオード

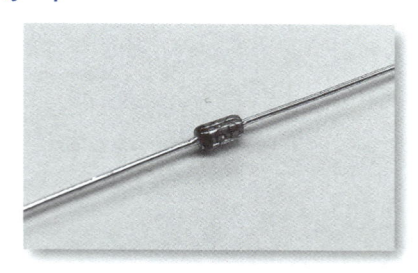

図5-6-2 ツェナーダイオードを表す電気用図記号

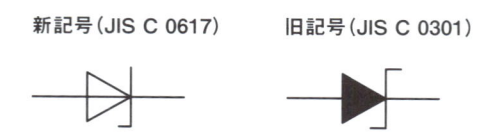

新記号（JIS C 0617）　　　旧記号（JIS C 0301）

●ツェナーダイオードの動作原理

ダイオードとは順方向にのみ電流を通し、逆方向には電流を通さないような素子でした。しかし、逆方向に想定よりも高い電圧をかけた場合、ダムが決壊するように電流が急激に流れ出します。この現象を降伏現象といいます。また、この時の電圧のことをダイオードの降伏電圧、または、ツェナー電圧といいます。

図 5-6-3 にダイオードの電圧－電流特性を示します。図中マイナス側を見ると、降伏電圧を超えた領域では電流の値に対して電圧がほとんど変化しなくなっていることがわかります。ツェナーダイオードはダイオードの持つこの性質を積極的に利用したダイオードです。

ツェナーダイオードでは降伏電圧の値を目的とする定電圧に合わせます。例えば、10V の定電圧が欲しいときには降伏電圧が 10V になるように設計します。ツェナーダイオードを用いるときには図 5-6-4 のようにダイオードの向きに対して逆方向に電圧をかけるように回路を設定します。

図 5-6-3　ダイオードの電圧－電流特性

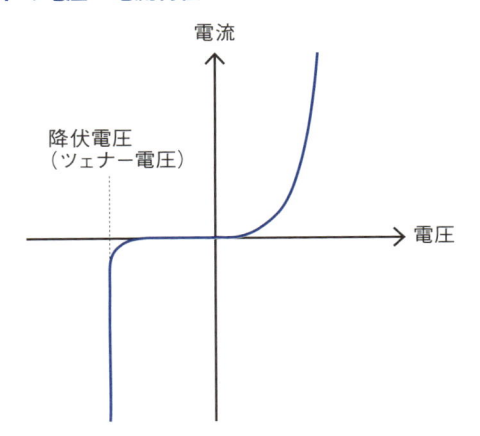

図 5-6-4　ツェナーダイオードの回路例

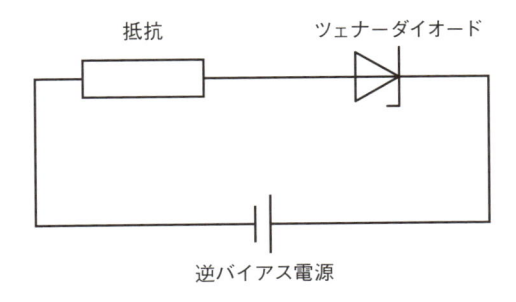

⚠️ 青色発光ダイオード

　青色発光ダイオードとは、電圧をかけると青く発光するダイオードのことです。

　発光ダイオードは pn 結合と呼ばれる構造でできており、発する光の色は発光ダイオードを構成する物質によって決まります。発光ダイオードは消費電力が少ない、寿命が長いなど、発光素子として多くの優れた特徴を持っているため、照明やディスプレイなどへの応用が期待されていました。しかしながら、1980 年代中頃には開発されていた赤色ダイオードに対し、青色ダイオードの開発は遅れていました。

　現在市販されている青色発光ダイオードは窒化ガリウムという物質でできています。

　青色発光ダイオードの開発が進められていた頃は窒化ガリウムの結晶化が難しかったため、セレン化亜鉛という物質が青色発光ダイオードの材料の第一候補でした。しかし、セレン化亜鉛を用いた青色発光ダイオードは寿命が短く実用化には至りませんでした。

　これに対し、1990 年代に窒化ガリウムの結晶化に関する技術が開発され、日本の化学メーカーである日亜化学工業により実用化されました。なお、黄緑色の発光ダイオードは青色発光ダイオード開発以前に作成されていましたが、純粋な緑色の発光ダイオードがつくられたのは青色発光ダイオードの開発後のことになります。これは純粋な緑色の発光ダイオードもまたその材料に窒化ガリウムを用いることに起因します。発光ダイオードは現在、照明やディスプレイなど私たちの身の回りで多く使われるようになっています。

第6章

トランジスタ

トランジスタとは、
p型半導体、n型半導体などを組み合わせた半導体素子です。
回路内の信号の増幅やスイッチとして用いられます。
本章では、トランジスタの基本原理やその種類について説明します。

6-1 トランジスタ

●トランジスタとは

　トランジスタとは電流の増幅やスイッチとして利用される電子部品です。トランジスタの例を図6-1-1に示します。ダイオードが2つの端子を持つ電子部品であったのに対し、トランジスタは3つの端子を持ちます。これは外部からの信号によって素子のON/OFF状態を切り替えるためのものです。
　このような素子のことを自己消弧素子といいます。トランジスタには大きく分けてバイポーラトランジスタとユニポーラトランジスタがあります。

図6-1-1　さまざまなトランジスタ

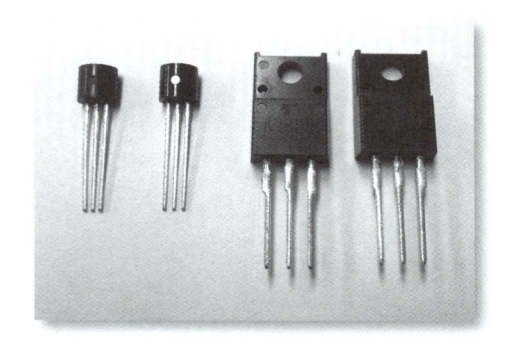

●バイポーラトランジスタとユニポーラトランジスタ

　バイポーラトランジスタは半導体中の正孔と自由電子がともに動作に関与するようなトランジスタのことをいいます。一方、ユニポーラトランジスタは正孔と自由電子のどちらかのみが動作に関与するようなトランジスタのことをいいます。バイポーラトランジスタとしてはNPNトランジスタ(p.80)とPNPトランジスタ(p.82)がよく知られます。一方、ユニポーラトランジスタとしては、電界効果トランジスタ(FET)(p.84)が知られています。
　このうち、NPNトランジスタはn型半導体の間にp型半導体を挟んだトランジスタのことをいいます。一方、PNPトランジスタはp型半導体の間

にn型半導体を挟んだトランジスタのことをいいます。NPNトランジスタ、PNPトランジスタはそれぞれ図6-1-2、図6-1-3のような電気用図記号を用いて表現されます。実際の回路ではNPNトランジスタがよく用いられます。

電界効果トランジスタにはいくつかの種類がありますが、例えば、MOSFETと呼ばれる電界効果トランジスタでは、p型半導体やn型半導体に電極を付けた構造になっています。電界効果トランジスタの電気図記号は種類によって様々です。図6-1-4にその一覧を示します。

図6-1-2　NPNトランジスタを表す電気用図記号

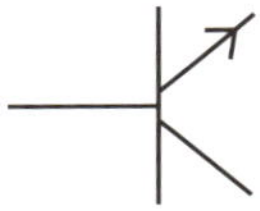

図6-1-3　PNPトランジスタを表す電気用図記号

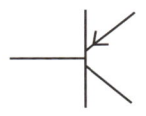

図6-1-4
電界効果トランジスタを表す電気用図記号

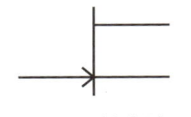

Nチャネル接合型FET

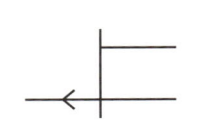

Pチャネル接合型FET

NチャネルMOSFET
（デプレッション型）

PチャネルMOSFET
（デプレッション型）

NチャネルMOSFET
（エンハンスメント型）

PチャネルMOSFET
（エンハンスメント型）

6-2 NPN トランジスタ

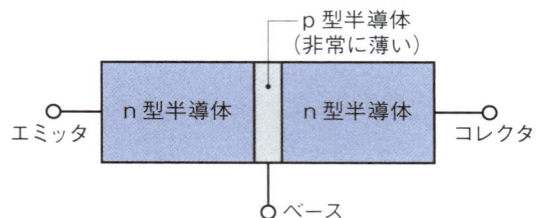

● NPN トランジスタ

　NPN トランジスタは n 型半導体に p 型半導体を挟んだ構造をしています。ここで間に挟まれた p 型半導体は n 型半導体に比べて非常に薄くしてあります。図 6-2-1 に NPN トランジスタの例を、図 6-2-2 に NPN トランジスタの模式図を示します。n 型半導体、p 型半導体にはそれぞれ端子がつながっており、つながれた 3 本の端子はそれぞれベース、エミッタ、コレクタと呼ばれます。

図 6-2-1　NPN トランジスタ

図 6-2-2　NPN トランジスタの構造

● NPN トランジスタの動作原理

1．ベースに電圧をかけない場合

　まず、NPN トランジスタに電流が流れない場合の例を見てみます。エミッタ側、コレクタ側がそれぞれ - と + になるように電圧をかけたとします。すると図 6-2-3 のようにエミッタ側の n 型半導体の自由電子と真ん中の p 型半導体の正孔が結合し、空乏層ができます。そのため、ベースに電圧をかけないと NPN トランジスタには電流は流れません。

2．ベースに電圧をかけた場合

　次に NPN トランジスタに電流が流れる場合の例を見てみます。

　1 の時と同様、エミッタ側、コレクタ側がそれぞれ - と + になるように電圧をかけたとします。さらにベースの部分に図 6-2-4 のように + の電圧をか

けたとします。

　ベース側に＋の電圧をかけるとエミッタ側から供給された自由電子がベース側に流れ込みます。この電流のことをベース電流といいます。p型半導体は非常に薄いため、残りの自由電子はp型半導体には捕まらず、コレクタ側に移動できるようになります。この結果としてコレクタ側からエミッタ側に電流が流れるようになります。コレクタ側からエミッタ側に流れる電流のことをコレクタ電流と呼びます。

　ベース電流に対してコレクタ電流の値は非常に大きいため、ベース電流を入力電流、コレクタ電流を出力電流と考えると、入力側の電流変化を出力側の電流として増幅することが可能になります。また、ベース側への電圧のON/OFFで電流の流れを制御できるため、スイッチとしても用いることが可能です。

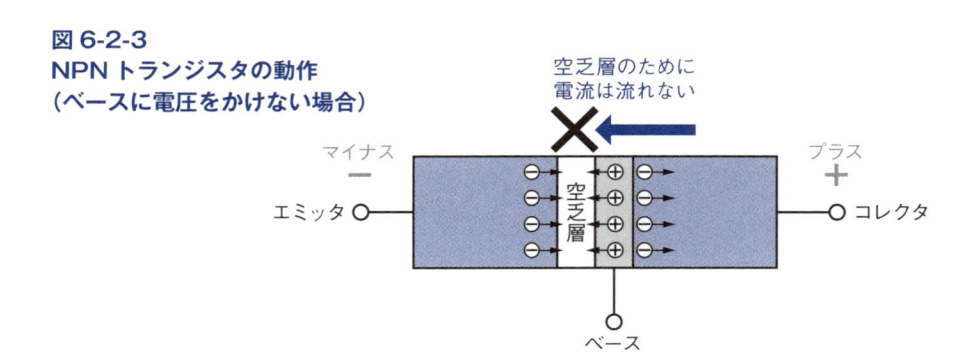

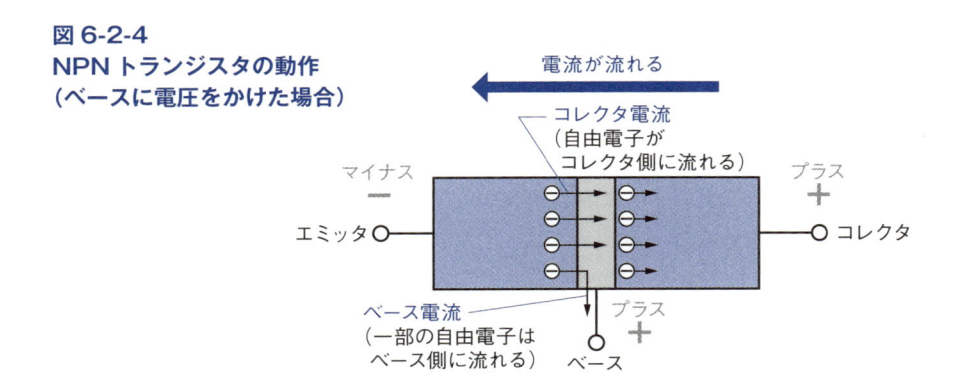

図 6-2-3
NPNトランジスタの動作
（ベースに電圧をかけない場合）

図 6-2-4
NPNトランジスタの動作
（ベースに電圧をかけた場合）

6-3 PNP トランジスタ

● PNP トランジスタ

PNP トランジスタは p 型半導体に n 型半導体を挟んだ構造をしています。間に挟まれた n 型半導体は p 型半導体に比べて非常に薄くしてあります。図 6-3-1 に PNP トランジスタの例を示します。図 6-3-2 に PNP トランジスタの模式図を示します。p 型半導体、n 型半導体にはそれぞれ端子がつながっており、つながれた 3 本の端子は、NPN トランジスタの時と同様に、それぞれベース、エミッタ、コレクタと呼ばれます。

図 6-3-1　PNP トランジスタ

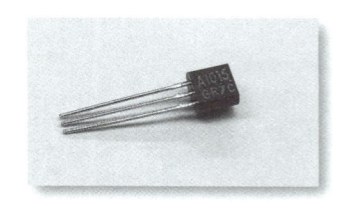

図 6-3-2　PNP トランジスタの構造

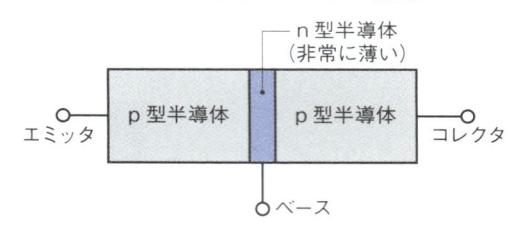

● PNP トランジスタの動作原理

1．ベースに電圧をかけない場合

まず、PNP トランジスタに電流が流れない場合の例を見てみます。エミッタ側、コレクタ側がそれぞれ + と - になるように電圧をかけたとします。すると図 6-3-3 のようにエミッタ側の p 型半導体の正孔と真ん中の n 型半導体の自由電子が結合し、空乏層ができます。そのため、ベースに電圧をかけないと PNP トランジスタには電流は流れません。

2．ベースに電圧をかけた場合

次に PNP トランジスタに電流が流れる場合の例を見てみます。

1 の時と同様、エミッタ側、コレクタ側がそれぞれ + と - になるように電圧をかけたとします。さらにベースの部分に図 6-3-4 のように - の電圧をか

けたとします。電圧のかけ方が NPN トランジスタと逆になることに注意してください。

ベース側に－の電圧をかけるとベース側から供給された自由電子がエミッタ側に流れ込みます。この電流のことをベース電流といいます。n 型半導体は非常に薄いため、エミッタ側にある正孔がコレクタ側に移動できるようになります。

この結果としてエミッタ側からコレクタ側に電流が流れるようになります。エミッタ側からコレクタ側に流れる電流のことを NPN トランジスタと同様、コレクタ電流と呼びます。

ベース電流に対してコレクタ電流の値は非常に大きいため、ベース電流を入力電流、コレクタ電流を出力電流と考えると、入力側の電流変化を出力側の電流として増幅することが可能になります。また、ベース側への電圧の ON/OFF で電流の流れを制御できるため、スイッチとしても用いることが可能です。

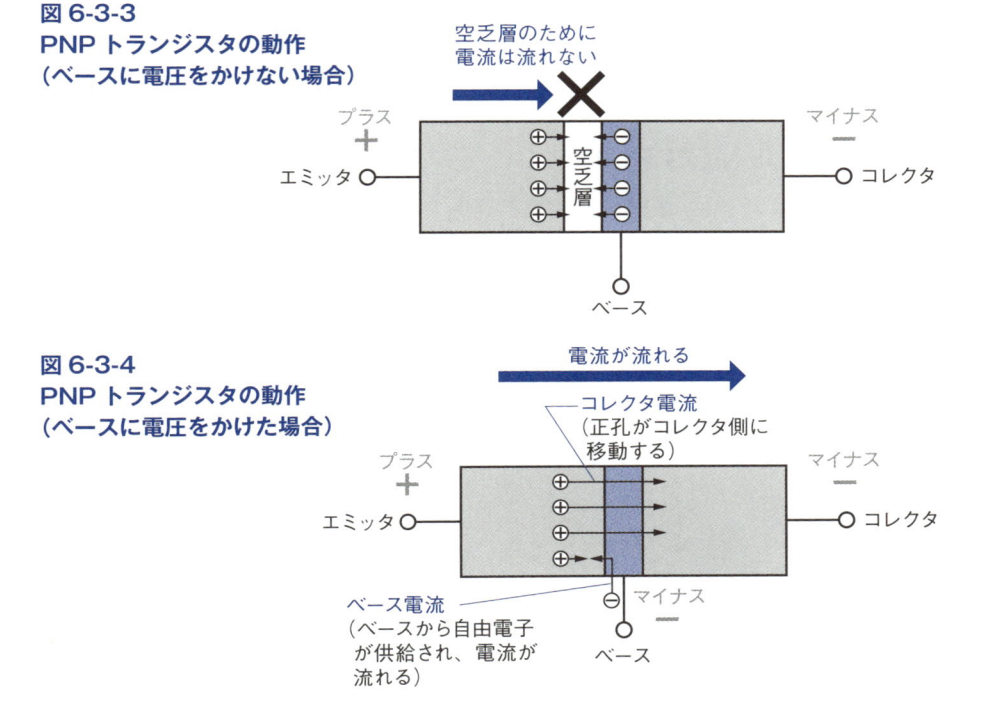

図 6-3-3
PNP トランジスタの動作
（ベースに電圧をかけない場合）

図 6-3-4
PNP トランジスタの動作
（ベースに電圧をかけた場合）

6-4 電界効果トランジスタ（FET）

● MOS FET

FET は Field-Effect Transistor の頭文字を取ったもので電界効果トランジスタを表します。FET には接合型 FET と MOS FET があり、現在は MOS FET が多く用いられます。MOS FET は金属酸化膜半導体を用いた FET です。MOS FET の正式名は Metal-Oxide-Semiconductor Field-Effect Transistor であり、Metal-Oxide-Semiconductor は金属酸化膜半導体を表します。

このうち、N チャネル MOS FET は土台が p 型半導体で電極が n 型半導体であるような FET を指します。一方、P チャネル MOS FET は土台が n 型半導体で電極が p 型半導体であるような FET を指します。

MOS FET はさらに電圧をかけない時に電流が流れるデプレッション型と、電圧をかけない時には電流が流れないエンハンスメント型に分類できます。

● N チャネル MOS FET

図 6-4-1 に N チャネル MOS FET の例を示します。また、図 6-4-2 に N チャネル MOS FET の模式図を示します。N チャネル MOS FET 内の n 型半導体、金属部分にはそれぞれ端子がつながっており、つながれた 3 本の端子はそれぞれソース、ゲート、ドレインと呼ばれます。

N チャネル MOS FET のソース、ゲート、ドレインは、NPN トランジスタにおけるエミッタ、ベース、コレクタにそれぞれ対応しています。

図 6-4-1　N チャネル MOS FET

図 6-4-2　N チャネル MOS FET の構造

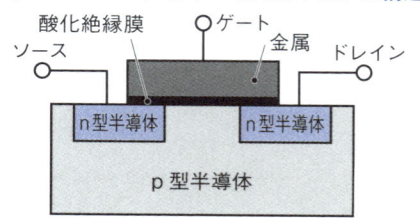

● NチャネルMOS FETの動作原理

ここではエンハンスメント型のNチャネルMOS FETの動作原理について説明します。

１．ゲートに電圧をかけない場合

まず、NチャネルMOS FETに電流が流れない場合の例を見てみます。ドレイン側、ソース側がそれぞれ＋と－になるように電圧をかけたとします。すると図6-4-3のようにドレインのn型半導体の自由電子と真ん中のp型半導体の正孔が結合し、空乏層ができます。そのため、NチャネルMOS FETには電流は流れません。

２．ゲートに電圧をかけた場合

次にNチャネルMOS FETに電流が流れる場合の例を見てみます。1の時と同様、ドレイン側、ソース側がそれぞれ＋と－になるように電圧をかけたとします。さらにゲートの部分に図6-4-4のように＋の電圧をかけたとします。

この場合、ゲートにかかった電圧のためにp型半導体の正孔は内部に押しやられる一方、ソース側のn型半導体の自由電子がゲート側に引き寄せられ、一時的に自由電子が多くなります。結果的にソース側からドレイン側に自由電子が移動できるようになります。なお、ゲート側でかけた電圧が大きくなるほど、ドレイン側からソース側への電流の担い手が増えるため、より多くの電流を流すことができるようになります。

**図6-4-3　NチャネルMOS FETの動作
（ゲートに電圧をかけない場合）**

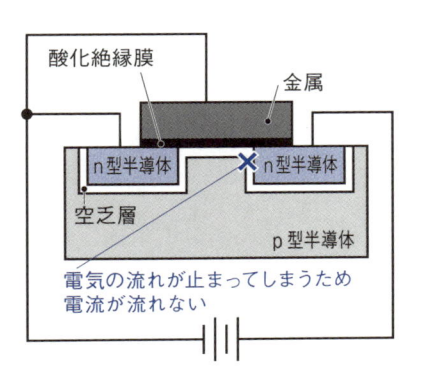

**図6-4-4　NチャネルMOS FETの動作
（ゲートに電圧をかけた場合）**

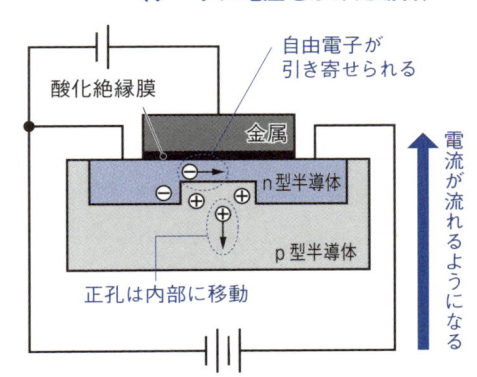

●P チャネル MOS FET

　図 6-4-5 に P チャネル MOS FET の例を、図 6-4-6 に P チャネル MOS FET の模式図を示します。P チャネル MOS FET 内の p 型半導体、金属部分にはそれぞれ端子がつながっており、つながれた 3 本の端子は、N チャネル MOS FET と同様、それぞれソース、ゲート、ドレインと呼ばれます。P チャネル MOS FET のソース、ゲート、ドレインは PNP トランジスタにおけるエミッタ、ベース、コレクタにそれぞれ対応しています。

●P チャネル MOS FET の動作原理

　ここではエンハンスメント型の P チャネル MOS FET の動作原理について説明します。

1．ゲートに電圧をかけない場合

　まず、P チャネル MOS　FET に電流が流れない場合の例を見てみます。ドレイン、ソースがそれぞれ − と + になるように電圧をかけたとします。N チャネル MOS FET と電圧のかけ方が逆であることに注意してください。すると図 6-4-7 のようにソース側の p 型半導体の正孔と真ん中の n 型半導体の自由電子が結合し、空乏層ができます。そのため、P チャネル MOS FET には電流は流れません。

2．ゲートに電圧をかけた場合

　次に P チャネル MOS　FET に電流が流れる場合の例を見てみます。1 の時と同様、ドレイン側、ソースがそれぞれ − と + になるように電圧をかけたとします。さらにゲートの部分に図 6-4-8 のように − の電圧をかけたとします。ゲート部分にかける電圧も N チャネル MOS　FET の場合とは逆であることに注意してください。

　この場合、ゲートにかかった電圧のために n 型半導体の自由電子は内部に押しやられる一方、ソース側の p 型半導体の正孔がゲート側に引き寄せられ、一時的に正孔が多くなります。結果的にソース側からドレイン側に正孔が移動できるようになります。N チャネル MOS FET と同様、ゲート側でかけた電圧が大きくなるほど、ソース側からドレイン側に電流を流す担い手が増えるため、より多くの電流を流すことができるようになります。

図 6-4-5　P チャネル MOS FET

**図 6-4-6
P チャネル MOS FET の構造**

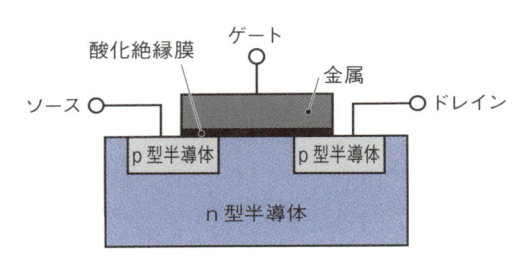

**図 6-4-7
P チャネル MOS FET の動作
（ゲートに電圧をかけない場合）**

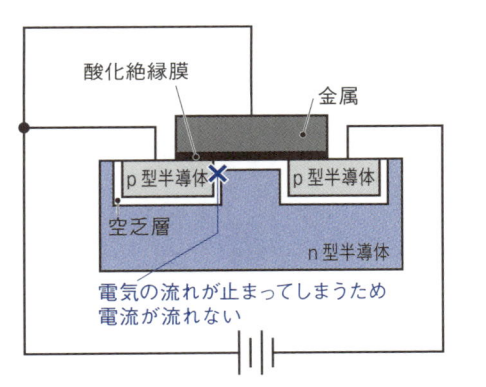

**図 6-4-8
P チャネル MOS FET の動作
（ゲートに電圧をかけた場合）**

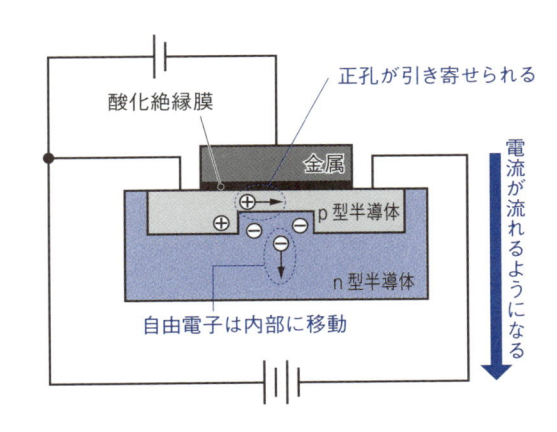

💡 半導体と真空管

　半導体が発明される前、半導体の代わりとして用いられていたものに真空管があります。真空管とは、ガラスなどの容器内に複数の電極が配置されたもので真空管の名前の通り内部が真空になっています。

　真空管にはダイオードの働きをする二極真空管やトランジスタの働きをする三極真空管などいくつかの種類があります。このうち、二極真空管はダイオードと同じようにある方向にだけ電流を通す整流作用があります。また、三極真空管はトランジスタと同じように電流を増幅する働きがあります。

　真空管は半導体に比べて大きさが大きく、消費電力も大きいため、徐々に衰退し、その多くが半導体に置き換わっています。しかし、真空管を用いたアンプの方が半導体を用いたアンプに比べて音質がよいと評価する音楽愛好家も多く、そのような人たちの中には音楽用に真空アンプを自作する人もいます。また、真空管の機能を学習するためのキットなども販売されています。

図 6-A　真空管

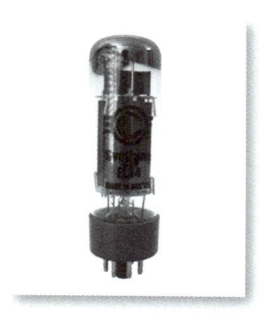

第7章

その他の半導体デバイス

半導体には、一定電圧を供給する三端子レギュレータや
光を利用して信号を伝達するフォトカプラなど、
ダイオードやトランジスタ以外にも様々な応用があります。
本章では、これらダイオード、トランジスタ以外の
いくつかの半導体デバイスについて説明します。

7-1 オペアンプ

●オペアンプとは

　オペアンプは電圧の増幅や微分回路、積分回路などを実現するための電子部品です。トランジスタなどで増幅回路や微分回路、積分回路を構成しようとすると煩雑なため、回路でよく利用される機能を集積回路（IC）としてまとめた電子部品の一つになります。

　オペアンプは電源端子を2本、入力端子を2本、出力端子を1本持っています。オペアンプという名前はOperational Amplifierからきており、日本語では演算増幅器といいます。Operationalの最初の2文字をとって、Opアンプと書かれることもあります。

　オペアンプの例を図7-1-1に、電気用図記号を図7-1-2に示します。図7-1-2に示すようにオペアンプを利用するためには電源が必要になりますが、電源端子は省略され、図7-1-3のように表されることも多いです。

　オペアンプの2つの入力は非反転入力(＋)と反転入力(－)で構成され、出力電圧はその電位差に比例する形で出力されます。このような回路のことを差動増幅回路といいます。

図 7-1-1　オペアンプ

図 7-1-2　オペアンプの電気用図記号

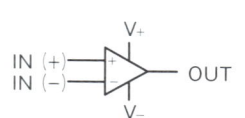

図 7-1-3　オペアンプの電気用図記号（簡略版）

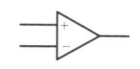

●オペアンプの使用方法

　オペアンプでは、まず、V_+、V_-の部分に電源をつなぎます。この部分に電源をつながないとオペアンプは動きません。実際に電圧を増幅するときには反転増幅回路や非反転増幅回路などの増幅回路を構成します。

1. 反転増幅回路

　反転増幅回路では図 7-1-4 のような回路を構成します。回路中、V_i を入力電圧、V_o を出力電圧と見なします。このとき、出力電圧 V_o は V_i を用いて

$$V_o = -\frac{R_f}{R_i} V_i$$

という形で書くことができます。したがって、R_f として R_i よりも大きな抵抗を使うことで出力側の電圧を上げることができます。なお、－の記号は V_i という入力電圧に対して V_o であらわされる出力電圧の位相が反転することを意味しています。

図 7-1-4
反転増幅回路の構成

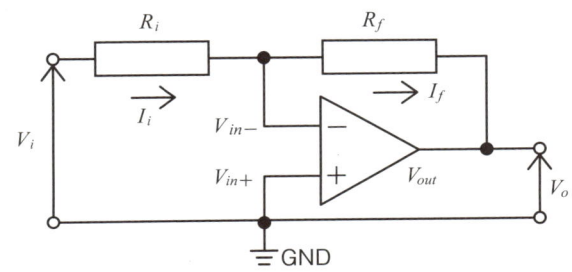

2. 非反転増幅回路

　非反転増幅回路では図 7-1-5 のような回路を構成します。回路中、V_i を入力電圧、V_o を出力電圧と見なします。このとき、出力電圧 V_o は V_i を用いて

$$V_o = \left(1 + \frac{R_2}{R_1}\right) V_i$$

という形で書くことができます。したがって、R_1 として R_2 よりも大きな抵抗を使うことで出力側の電圧を上げることができます。反転増幅回路と異なり、出力電圧 V_o の位相は入力電圧 V_i の位相と同じになります。

図 7-1-5
非反転増幅回路の構成

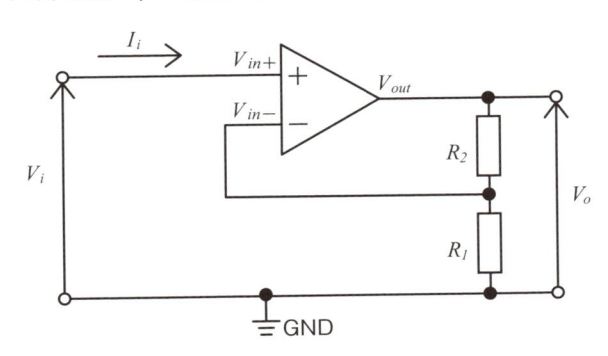

7-2 フォトカプラ

●フォトカプラ

　フォトカプラは入力した信号を、光を通して出力側に伝達できるような電子部品です。多くの場合、入力側にはLEDが、出力側にはフォトトランジスタと呼ばれる光検出器がそれぞれ配置されます。フォトカプラは光を介して情報を伝達するため、入力信号と出力信号を絶縁することができます。フォトカプラの例を図7-2-1に、その電気用図記号を図7-2-2に示します。

　図7-2-2は出力側にフォトトランジスタが配置された例ですが、トランジスタの代わりにダイオードが配置されていることもあります。

●フォトカプラの利用例

　フォトカプラの利用例を図7-2-3に示します。図では入力側のON/OFFによって出力側のON/OFFを制御するような回路が構成されています。

　図7-2-3の左側の回路ではスイッチを入れると回路が通電し、電気信号がLEDによって光信号に変換されます。一方、図7-2-3の右側の回路ではLEDの光信号を受けたフォトトランジスタが光によって通電し、電気信号に変換されます。

　フォトカプラでは、入力側の点線で囲んだ部分と出力側の点線で囲んだ部分は電気的に独立しているため、雑音の影響を絶縁することができます。このため、フォトカプラは医用電子機器や音響機器、モータの駆動システムなどで利用されています。

図 7-2-1　フォトカプラ

図 7-2-2　フォトカプラの電気用図記号

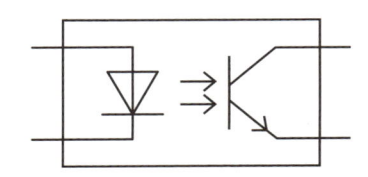

図 7-2-3　フォトカプラの利用例

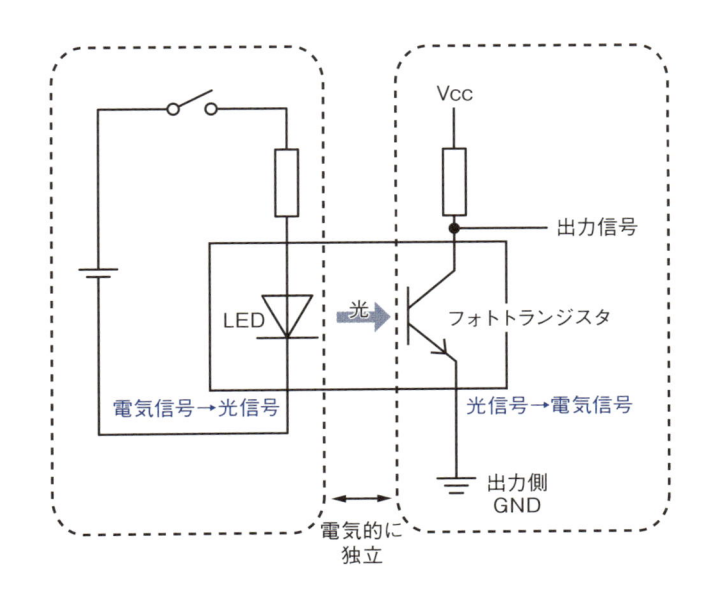

7・その他の半導体デバイス

7-3 三端子レギュレータ

●三端子レギュレータ

　三端子レギュレータとは、回路の電源部分に用いられる電子部品です。レギュレータ(Regulator)には調整器という意味があります。三端子レギュレータは回路に定電圧を提供するために用いられます。

　図 7-3-1 に三端子レギュレータの例を示します。また、図 7-3-2 に回路図でよく用いられる三端子レギュレータの表現を示します。よりわかりやすいように図 7-3-3 のように、用いている三端子レギュレータの型番を付記することもあります。三端子と名前がついているように三端子レギュレータには 3 つの端子がついており、端子はそれぞれ IN、OUT、GND に対応しています。

　三端子レギュレータは目標としているよりも高い電圧入力に対して、必要のない電圧分を熱として消費し、指定された電圧を安定して供給するような電子部品です。例えば、9 V の電源を三端子レギュレータにつなぎ、5 V の定電源を得るなどといったように使います。

　三端子レギュレータは 78xx シリーズ、79xx シリーズと呼ばれる製品が有名です。このうち、78xx は正電源用に、79xx は負電源用に利用されます。ここで xx の部分には提供される電圧値が入ります。例えば、7805 なら、出力電圧として 5 V の定電圧を提供できる三端子レギュレータということになります。

　三端子レギュレータでは電圧を降下させるために熱が発生するため、そのままの状態だと、発生した熱によってレギュレータ自体が破損してしまいます。そのため、三端子レギュレータを用いる際には発生した熱を空気中に発散させるために、ヒートシンク (p.152) と呼ばれる放熱器とセットで用います。

図 7-3-1
三端子レギュレータ

図 7-3-2
三端子レギュレータの電気用図記号

IN　　OUT
GND

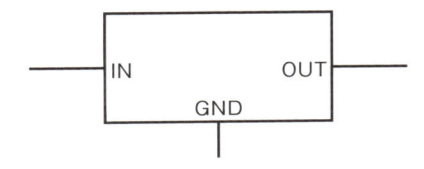

図 7-3-3
三端子レギュレータの電気用図記号（型番付）

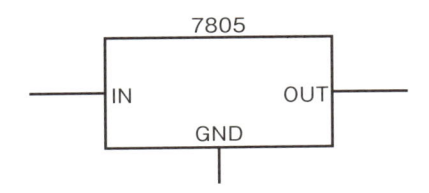

7805
IN　　OUT
GND

7・その他の半導体デバイス

7-4 サイリスタ

●サイリスタ

　サイリスタとは、ゲートへの電流の有無によって、電流の ON/OFF が可能な、トランジスタに似た電子部品です。サイリスタには、トランジスタに比べて大電流に耐えられるという利点があります。一方で、サイリスタはトランジスタとは異なり、増幅を行うことはできず、ON/OFF の制御にのみ用います。サイリスタの例を図 7-4-1 に、電気用図記号を図 7-4-2 示します。

　サイリスタには図 7-4-3 のように 3 つの端子があり、それぞれゲート、アノード、カソードと呼ばれます。サイリスタでは、ゲートへの電流の ON/OFF を制御することでアノードからカソードへ流れる電流を制御することができます。この時、ゲートに流れる電流をゲート電流といいます。

図 7-4-1　サイリスタ

図 7-4-2
サイリスタの電気用図記号

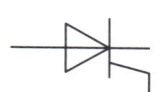

図 7-4-3
サイリスタの 3 端子の名称

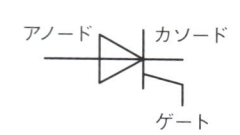

アノード　カソード
ゲート

●サイリスタの動作原理

　サイリスタの構造を図 7-4-4 に示します。サイリスタは図 7-4-4 のような pnpn の 4 重構造をしています。図 7-4-5 のようにアノード側からカソード側に電圧をかけただけの場合、n 型半導体と p 型半導体の接合部には空乏層ができます。ここで空乏層とは p 型半導体の正孔と、n 型半導体の自由電子が打ち消しあい、電気を運ぶ担い手がいなくなっているような領域です。結果として、n 型半導体から p 型半導体に向かう接続部分で電流が流れなくなります。

これに対し、図7-4-6のようにゲート側に正の電圧をかけるとNPNトランジスタと同じ原理でp型半導体を自由電子が通過できるようになり、電流が流れるようになります。サイリスタは一度電流を流し始めるとゲートに電圧をかけなくなっても電流が流れ続ける性質を持っているため、電流を流さないようにするためには別途素子が必要になります。この問題を解決するため、ゲート電圧に負の電圧をかけることで電流を止められるようなサイリスタもあります。素子のON/OFFを外部からの信号によって任意に変えられる能力のことを自己消弧能力といいます。

図 7-4-4
サイリスタの構造

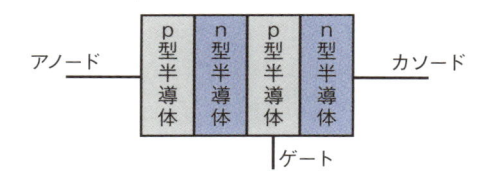

図 7-4-5
サイリスタの動作
（ゲートに電圧をかけない場合）

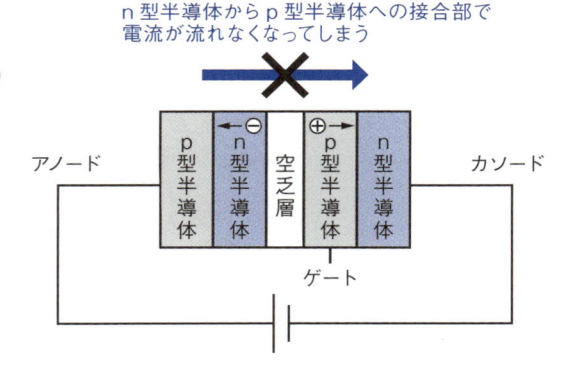

図 7-4-6
サイリスタの動作
（ゲートに電圧をかけた場合）

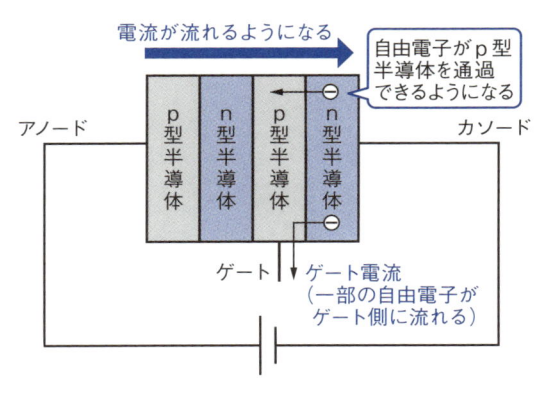

7-5 バリスタ

●バリスタ

バリスタとは、電圧が低い時には抵抗が高く、電圧が高くなると抵抗が低くなるような電子部品です。バリスタという名前は Variable resistor に由来します。Variable resistor の直訳は可変抵抗という意味になりますが、バリスタといった場合には日本語でいうと非直線性抵抗素子を意味します。

バリスタの例を図 7-5-1 に、電気用図記号を図 7-5-2 に示します。バリスタは回路に過電流が流れそうになったとき、回路内の電子部品を守るために用いられます。

図 7-5-1　バリスタ

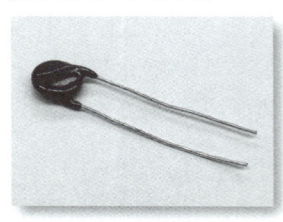

図 7-5-2　バリスタの電気用図記号

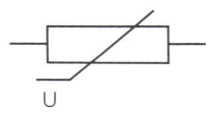

新記号
(JIS C 0617)

旧記号
(JIS C 0301)

●バリスタの特徴

バリスタの電圧と電流の関係を図 7-5-3 に示します。バリスタでは電圧が大きくなると抵抗が急激に小さくなり、多くの電流が流れるようになります。バリスタに対して、ある指定された量の電流が流れるようになる電圧のことをバリスタ電圧といいます。通常、バリスタに 1mA が流れるようになる電圧をバリスタ電圧と設定します。

**図 7-5-3
バリスタにおける電圧と電流の関係**

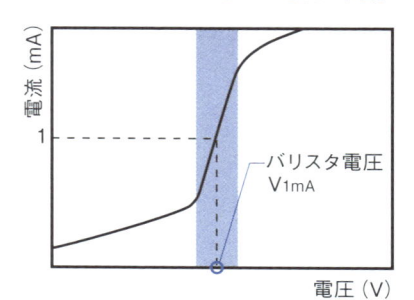

バリスタ電圧 V_{1mA}

図 7-5-4 にバリスタの回路での使用例を示します。回路保護のためにバリスタを用いる場合には、バリスタを保護したい回路に対して並列でつなぎます。回路にかかる電圧が低い場合、バリスタの抵抗は非常に高いため、電流は図 7-5-5 のように保護したい回路側に流れます。一方、図 7-5-6 のように外部から何らかの雑音が混入するなどして電圧が高まると、バリスタの抵抗は低くなるため、電流は主にバリスタ側に流れます。このようにすることで突発的な電圧上昇があっても保護回路を壊さずに済むようになります。

図 7-5-4
バリスタの回路での使用例

バリスタを回路保護のために用いる場合は、保護したい回路に対して並列につなぐ。

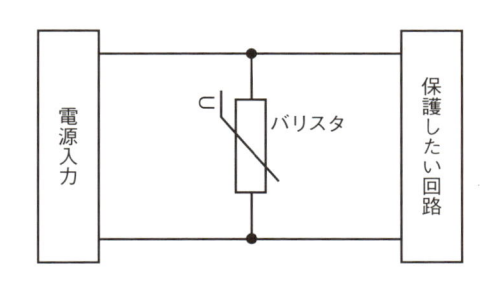

図 7-5-5
バリスタの回路での使用例
（かかる電圧が低い場合）

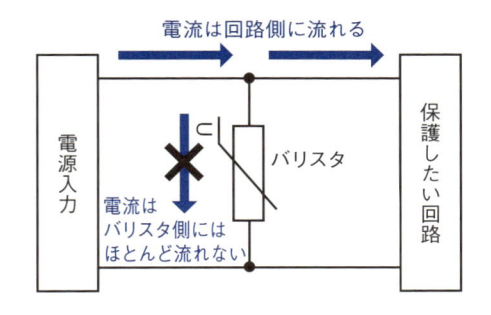

図 7-5-6
バリスタの回路での使用例
（かかる電圧が高い場合）

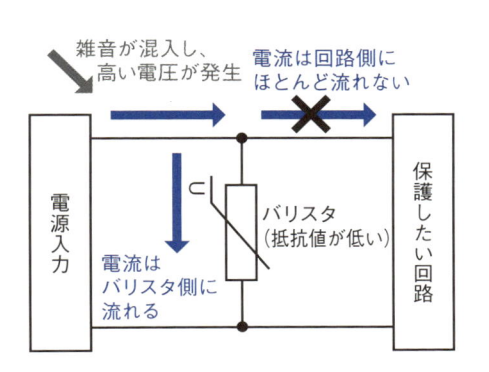

💡 回路をチェックするための道具

　回路に電気を流す際には各部品に想定された電圧がかかり、規定内の電流が流れるかをきちんとチェックする必要があります。このチェックを怠ると電子部品に過剰な電流が流れ、部品が焼け焦げたり、使い物にならなくなったりする可能性があります。回路をチェックするための道具として、電圧計、電流計、マルチメーターなどがあります。

電圧計
　回路の電圧を測るための装置であり、測定したい箇所と並列につなぐことで該当箇所の電圧を測定します。

電流計
　回路の電流を測るための装置であり、測定したい箇所と直列につなぐことで該当箇所の電流を測定します。

マルチメーター
　電流計、電圧計を合わせた機能を持っており、そのほかに電子部品の抵抗値なども測定することができます。回路計などともいいます。

第8章

回路基板

電子回路は、抵抗やコンデンサなどの
電子部品だけでは実現できません。
回路基板は様々な電子部品を配置するための電子部品です。
本章では、電子部品を配置する土台となる
回路基板について説明します。

8-1 電子回路基板

●電子回路基板とは

電子回路基板とは、電子部品を配置し、配線するための土台となる部品です。回路基板や基板と呼ばれることもあります。抵抗やコンデンサ、半導体などの電子部品をつけていないものも、つけているものも共に基板と呼ばれます。

基板は基本的には紙フェノール、ガラスエポキシ樹脂などといった絶縁体でできています。これらの基板は、主材料の名をとって紙フェノール基板、ガラエポ基板などとも呼ばれます。フェノール樹脂のことをベークライトというため、紙フェノール基板はベーク基板とも呼ばれます。

電子回路を配置させるため、必要に応じて穴をあけ、これら基板上に配置された電子部品同士を導通させます。はんだ付けをするための箇所や配線のためには電気抵抗の少ない銅が多く用いられます。

●回路基板の種類

図8-1-1は現在販売されている回路基板をいくつか集めたものです。回路基板にはユニバーサル基板やプリント基板などいくつかの種類があります。回路基板は大きく分けて、硬いものと柔らかいものに分けられます。このうち、硬いものをリジッド（rigid）といい、柔らかいものをフレキシブル（flexible）といいます。

リジッドな回路基板としては、ユニバーサル基板（p.104）やプリント基板（p.106）などが、フレキシブルな回路基板としてはフレキシブル配線板などがあります。また、配線や電子部品の抜き差しが可能なテスト用の基板としてブレッドボード（p.108）などがあります。

図 8-1-1　様々な基板

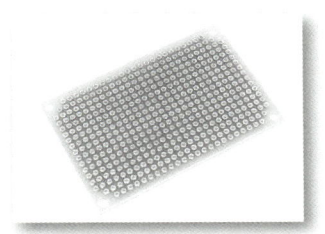

ユニバーサル基板

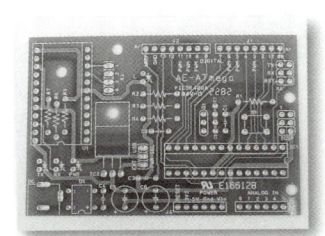

プリント基板

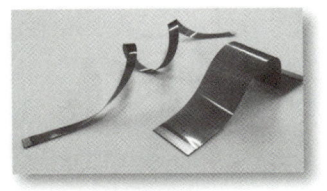

フレキシブル配線板
(写真提供：山下マテリアル株式会社)

8・回路基板

8-2 ユニバーサル基板

●ユニバーサル基板

　ユニバーサル基板とは、電子回路部品を配置するために穴が規則正しく並んだ基板です。蛇の目基板や万能基板などとも呼ばれます。ユニバーサル基板の材料としては紙フェノール、ガラスエポキシなどが知られます。図8-2-1に紙フェノール製のユニバーサル基板の例を示します。また、図8-2-2にガラスエポキシ製のユニバーサル基板の例を示します。

　紙フェノール製のユニバーサル基板は、黄色または茶色系の色をしているものが多いです。一方、ガラスエポキシ製のユニバーサル基板は緑から青系の色をしています。紙フェノール製のユニバーサル基板は安価で加工しやすく、カッターなどでも切断することができますが、熱に弱く、割れやすいなどといった特徴があります。一方、ガラスエポキシ製のユニバーサル基板は紙フェノール製のユニバーサル基板に比べると比較的高価ですが、硬く、丈夫であるという特徴があります。

　ユニバーサル基板には、片面に銅箔がついているもの（片面基板）と両面に銅箔がついているもの（両面基板）があります。図8-2-3に片面基板と両面基板における基板と銅箔の関係を示します。両面に銅箔がついているものは表と裏が銅箔でつながっているものも多くあります。このような加工のことをスルーホールといいます。銅箔のついている部分のことをランドといい、このランド部分にはんだ付けをしていきます。銅箔のない部分には、はんだが非常につきにくいので注意が必要です。

　ユニバーサル基板は0.1インチ（2.54㎜）幅で穴が配置されているものが主流です。ユニバーサル基板は個人の趣味などで電子回路を製作するときや、試験的な電子回路を製作するときなどによく利用されます。

図 8-2-1　ユニバーサル基板（紙フェノール）

（写真提供：サンハヤト株式会社）

図 8-2-2　ユニバーサル基板（ガラスエポキシ）

（写真提供：サンハヤト株式会社）

図 8-2-3　片面基板と両面基板

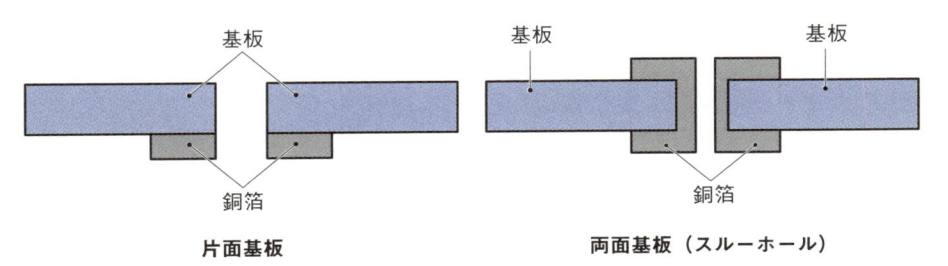

片面基板　　　　　両面基板（スルーホール）

8-3 プリント基板

●プリント基板

　プリント基板とは表面に薄い銅箔が貼り付けられた絶縁体の板に、電子部品を回路として配置したものです。回路加工される以前の基板のことを生基板といいます。プリント基板という名前は、つくりたいパターンを基板に印刷するところからきています。プリント基板のことを英語で Printed Circuit Board、あるいは、Printed Wiring Board というため、PCB、PWB などとも呼ばれます。

　現在、製品化されている電子回路で主要に用いられている基板です。

●プリント基板の種類

　プリント基板は大きく、リジッド基板、フレキシブル基板、リジッドフレキシブル基板の3つに分かれます。

　リジッド基板は紙フェノールやガラスエポキシなどの硬い素材を用いた基板です（図8-3-1）。これに対し、フレキシブル基板はポリエステルやポリイミドなどの柔らかい素材を使った基板です。特にプリント基板同士を接続する用途に用いられるフレキシブル基板を、フレキシブル配線板とも呼びます（図8-3-2）。リジッドフレキシブル基板は柔らかい素材と硬い素材とを組み合わせた基板です（図8-3-3）。

●プリント基板の加工方法

　プリント基板の加工には、基板に貼られた銅箔から不必要な銅箔を取り除いていくサブトラクティブ法と、絶縁体でできた基板の上に必要となる回路パターンを付け加えていくアディティブ法があります。ここでは、このうち、一般的によく利用されるサブトラクティブ法について記述します。

　サブトラクティブ法とは、つくりたい回路のパターンを基板に印刷することで銅箔を保護した後、金属を溶かす性質を持つ化学薬品に漬け込んで不必

要な銅箔をそぎ落とす方法です。サブトラクティブ（Subtractive）には減算のという意味があり、必要のない銅箔を引き去ることからこの名前がついています。

図 8-3-1　リジッド基板

図 8-3-2　フレキシブル配線板

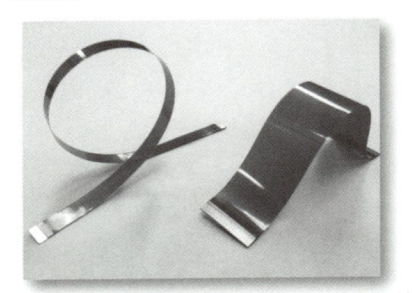

（写真提供：山下マテリアル株式会社）

図 8-3-3　リジッドフレキシブル基板

（写真提供：山下マテリアル株式会社）

8-4 ブレッドボード

●ブレッドボード

ブレッドボードとは電子部品とジャンパ線を利用するだけで回路が組める基板のことをいいます（図 8-4-1）。ブレッドボードの使用例を図 8-4-2 に示します。ブレッドボードは、はんだ付けの必要がなく電子部品の付け替えが何度でも可能であるため、回路のテスト用によく使われます。

一方で、大電流や高周波数信号に対する制限などがあるため、小規模で簡易な回路の作成に用いられることが多いです。

●ブレッドボードの構造

図 8-4-3 にブレッドボードの表面、裏面の構造を示します。ブレッドボードの表面にはジャンパ線（p.154）の入る穴が一面に並んでいます。表面から見ると、それぞれの穴はつながっていないように見えますが、裏面を見るとそれぞれの穴は回路の下部分でつながっており、金属板がつながっているライン上の穴にジャンパ線をさすと、お互いに導通することになります。

ブレッドボードを利用するときにはこの導通している穴同士をつなげていくことで回路を形成していきます。穴と穴との間隔は通常 0.1 インチ幅（2.54 mm）で設計されています。この幅はユニバーサル基板などで多く用いられる幅と共通です。

図 8-4-1　ブレッドボード

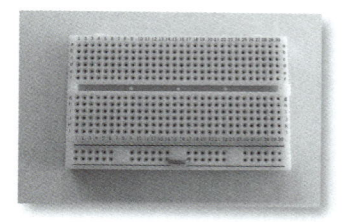

（写真提供：サンハヤト株式会社）

図 8-4-2　ブレッドボードの使用例

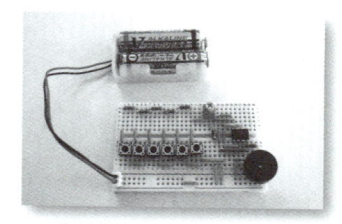

（写真提供：サンハヤト株式会社）

図 8-4-3　ブレッドボードの構造

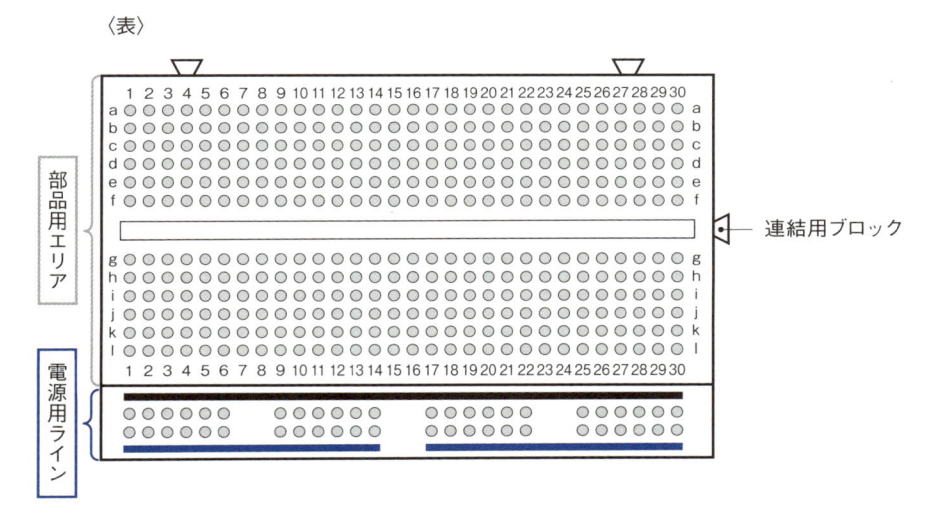

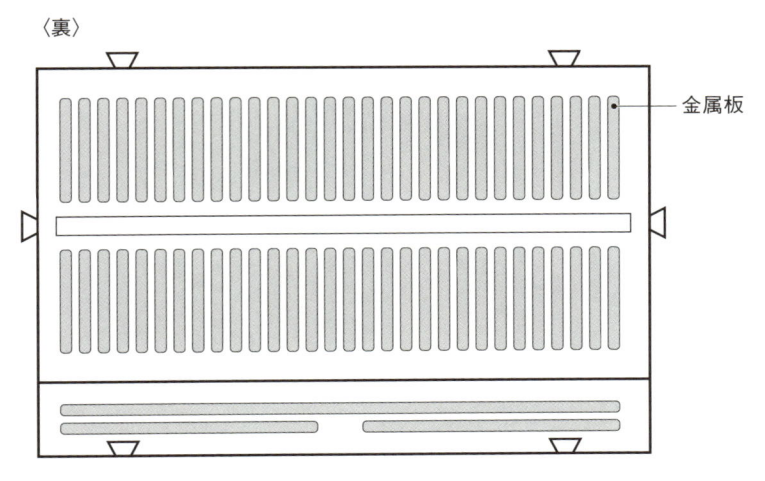

〈表〉

部品用エリア
電源用ライン

連結用ブロック

〈裏〉

金属板

⚠️ シール基板

シール基板とは基板や電子部品にランドがないような場合に新しくランドを作製するために利用します。ランドとは、はんだ付けをするための場所のことで、多くの場合、茶褐色の銅の色をしています。

はんだは銅などの金属面にはよくなじみますが、プラスチックの基板などには非常に付きにくい性質を持ちます。このため、例えば、片面にしかランドが配置されていない片面基板の裏にはんだ付けしようとすると、そのままでははんだ付けができません。

シール基板は図8-Aのようなシート状のシールでシートの上にはランドが配置されています。このシールをカットし、シールで基板に貼り付けることでランドのない部分にも自由なはんだ付けが可能になります。

図8-A　シール基板

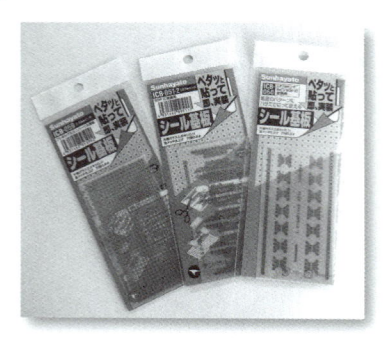

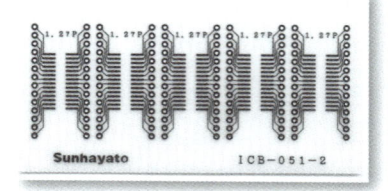

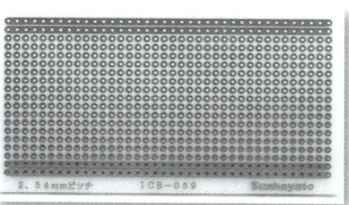

(写真提供：サンハヤト株式会社)

第9章

電池

電池は様々な電子部品を
目的の通りに動かすための動力源です。
小型で大容量の電源を実現するため、
現在、様々な電池が開発されています。
本章では、電子回路に不可欠な電池について解説します。

9-1 電池

●電池とは

電池とは、化学変化や物理変化を利用して、起電力を発生するような電子部品です。家庭用電源は交流で送られてきますが、電池がつくり出す電流は基本的に直流になります。化学変化を利用して起電力を起こすタイプの電池としてはアルカリ・マンガン電池、リチウムイオン電池などがあります。一方、物理変化を利用して起電力を起こすタイプの電池としては太陽電池などがあります。

電池を表す電気用図記号を図9-1-1に示します。図中、線の長い方が正極、線の短い方が負極になります。1Cの電荷が1J(ジュール)の仕事をするときの電位差を1Vといいます。あるいは、1Ωの抵抗に1Aの電流を流すことができるような電圧が1Vです。

図 9-1-1　電池を表す電気用図記号

─┤├─

●一次電池と二次電池

一次電池とは化学エネルギーを一度だけ電気エネルギーに変えることができる電池です。特に電解液を固体に染み込ませることで固体化された一次電池のことを乾電池といいます。一次電池にはアルカリ・マンガン乾電池、リチウム電池などがあります。一次電池の例を図9-1-2に示します。

一方、二次電池とは化学エネルギーを電気エネルギーにするだけでなく、電池が流そうとする電流の方向と逆向きに電圧をかけることで、電気エネルギーを化学エネルギーに変換することができるような電池です。このような、電気エネルギーを化学エネルギーに変える操作のことを充電といいます。二

次電池には鉛蓄電池やリチウムイオン電池、ニッケルカドミウム電池などがあります。二次電池は充電できるという特徴から、蓄電池、または、充電式電池と呼ばれます。二次電池の例を図 9-1-3 に示します。

図 9-1-2　一次電池

アルカリ・マンガン電池

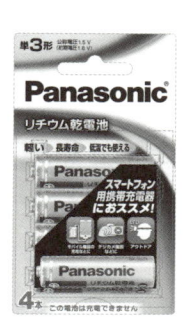

リチウム電池

図 9-1-3　二次電池

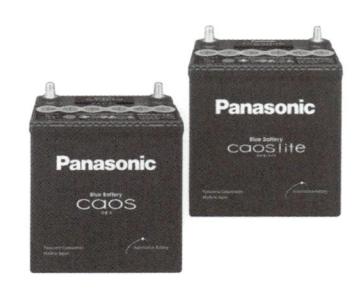

鉛蓄電池

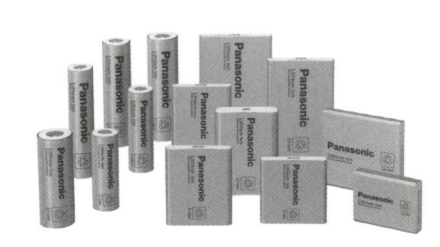

リチウムイオン電池

(写真提供：パナソニック株式会社)

9-2 乾電池

●乾電池

　乾電池は電解液を固体に染み込ませることで使いやすくした電池です。乾電池は懐中電灯や時計など、身近な電化製品で用いられる基本的な電池だといえます。乾電池に対し、電解液を液状にしたまま利用するタイプの電池のことを湿電池といいます。

　乾電池には、用いている物質の種類や形状によりいくつかの分類があります。用いている物質の違いによる分類としてはマンガン電池（p.116）、アルカリ・マンガン電池（p.118）、リチウム電池などがあります。一方、乾電池の形状には、円筒形、平形などがあります。図9-2-1、図9-2-2に円筒形、および、平形の乾電池の例を示します。

　乾電池のうち、円筒形のものには6種類の大きさがあり、単1形から単6形までの6つの大きさがあります。単1、単3などの単という言葉は単層を表しています。単層とは正極と負極が構造的に一つであることを意味します。いい換えれば、単層とは一つの電池から構成されているということです。単1形から単6形まで、それぞれの大きさを表にしたものを表9-2-1に示します。市販されている円筒形の乾電池の容量は多くのもので1.5V前後になります。

　一方、市販されている平形の乾電池としては9Vのものが多く出回っています。これは6本の単6電池が直列でつながっているもので、正式には平形6層電池と呼ばれます。

　なお、ボタン電池も電解液を固体に染み込ませているという意味では乾電池の一種ですが、その形状からボタン電池と呼ばれ、乾電池という名前では呼ばれないことが多いです。ボタン電池の例を図9-2-3に示します。

図9-2-1　円筒形乾電池

図9-2-2　平形6層電池

**表9-2-1
円筒形の種類とサイズの対応**

	直径（mm）	高さ（mm）
単1形	34.2	61.5
単2形	26.2	50.0
単3形	14.5	50.5
単4形	10.5	44.5
単5形	12.0	30.2
単6形	8.3	42.5

図9-2-3　ボタン電池

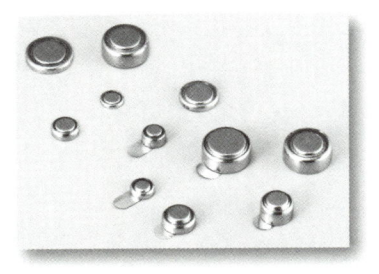

（写真提供：パナソニック株式会社）

9・電池

9-3 マンガン電池

●マンガン電池

マンガン電池は正極に二酸化マンガンと呼ばれる物質を利用した乾電池です。ほかの乾電池に比べ、比較的安価で乾電池の中でも一般的なものになりますが、使っていくにつれ、電圧が下がってしまうという弱点もあります。一方でしばらく休ませると電圧が回復するという特性もあります。

マンガン電池はこれらの特性から電圧がある程度変化しても利用が可能な懐中電灯やラジオなどに利用されます。マンガン電池には単1形、単2形などといった円筒形の乾電池だけでなく、内部で6つの単6電池を直列につなげた平形6層電池もあります。平形6層電池は9Vの電圧を持ちます。円筒形、平形のマンガン電池の例を、それぞれ図9-3-1、図9-3-2に示します。また、マンガン電池の構造を図9-3-3に示します。

マンガン乾電池の正極側には二酸化マンガンが、負極側には亜鉛がそれぞれ利用され、電解液には塩化亜鉛が用いられています。図9-3-3に示すように、実際の電池では正極側に二酸化マンガンと電解液である塩化亜鉛の混合物が用いられます。また、セパレータには布や紙が用いられ、電解液である塩化亜鉛が含まれています。ここでセパレータとは、正極と負極が直接接触するのを防ぐためのものです。セパレータには隔離板、隔離体などといった意味があります。

炭素棒は電子を集める役割を果たすために入れられているものであり、反応には直接関与しません。電子を集めるという役割から、この炭素棒は集電棒と呼ばれます。

マンガン電池はほかの乾電池に比べ、容量が比較的小さく、また、安定した電圧が得にくいため、電子機器によっては使用が禁じられている機器もあります。

図 9-3-1　マンガン電池（円筒形）

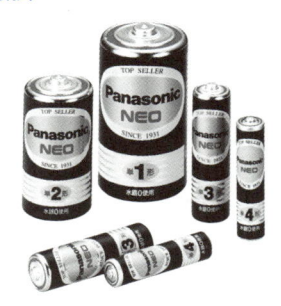

図 9-3-2　マンガン電池（平形）

（写真提供：パナソニック株式会社）

図 9-3-3　マンガン電池の構造

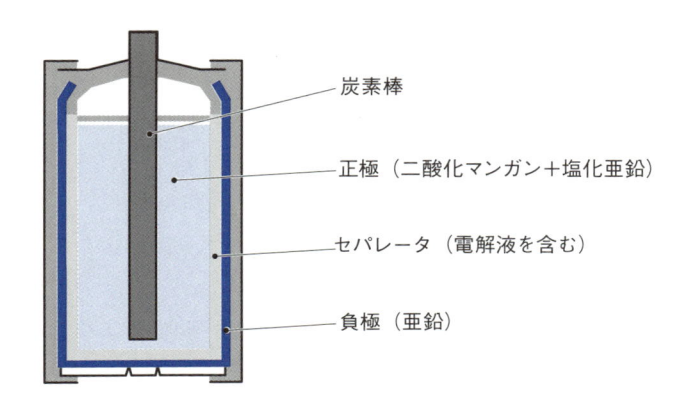

炭素棒
正極（二酸化マンガン＋塩化亜鉛）
セパレータ（電解液を含む）
負極（亜鉛）

9・電池

9-4 アルカリ・マンガン電池

●アルカリ・マンガン電池

　アルカリ・マンガン電池は電解液として水酸化カリウムの水溶液に塩化亜鉛が含まれたアルカリ性の水溶液を用いた乾電池です。電解液にアルカリ性の水溶液が用いられているため、アルカリ・マンガン電池という名前がついていますが、一般的には、単にアルカリ電池と呼ばれます。

　アルカリ・マンガン電池にはマンガン電池よりも長寿命で電圧が減りにくいという特徴があります。アルカリ・マンガン電池の正極と負極に利用されている物質はマンガン電池と変わりがなく、正極には二酸化マンガンが、負極には亜鉛が利用されています。電解液として水酸化カリウムの水溶液に塩化亜鉛が含まれたものを利用することがマンガン電池との違いです。

　アルカリ・マンガン電池には単1形、単2形などといった円筒形の乾電池だけでなく、内部で6つの単6電池を直列につなげた平形6層電池やボタン電池などもあります。円筒形、平形、ボタン形のアルカリ・マンガン電池の例を、それぞれ図9-4-1、図9-4-2、図9-4-3に示します。また、アルカリ・マンガン電池の構造を図9-4-4に示します。

　図9-4-4に示すようにアルカリ・マンガン電池では、亜鉛が中心部にあり、二酸化マンガンが外側にあります。このようにすることで、マンガン電池に比べて材料を多く封入することができるようになり、高寿命化が見込めるようになります。

　炭素棒は電子を集める役割を果たすために入れられているものであり、反応には直接関与しません。電子を集めるという役割から、この炭素棒は集電棒と呼ばれ、アルカリ・マンガン電池では、この端子が負極端子になります。また、正極缶は鉄などでできており、これが正極端子になります。セパレータには布や紙が用いられ、電解液である塩化亜鉛を含有した水酸化カリウムが含まれています。

図 9-4-1
アルカリ・マンガン電池（円筒形）

図 9-4-2
アルカリ・マンガン電池（平形）

図 9-4-3
アルカリ・マンガン電池（ボタン形）

（写真提供：パナソニック株式会社）

図 9-4-4　アルカリ・マンガン電池の構造

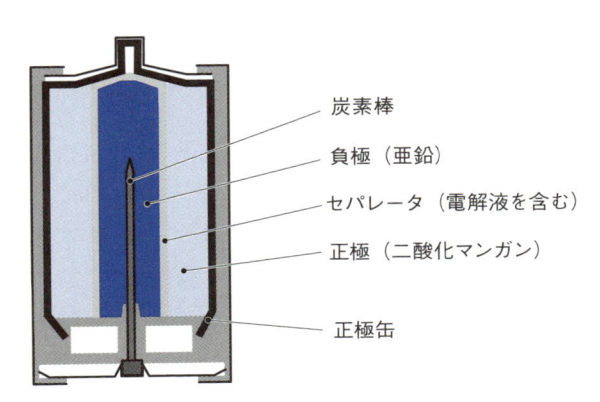

- 炭素棒
- 負極（亜鉛）
- セパレータ（電解液を含む）
- 正極（二酸化マンガン）
- 正極缶

9-5 鉛蓄電池

●鉛蓄電池

　鉛蓄電池は電極に鉛を利用した充電が可能な電池です。充電が可能であるため、鉛蓄電池は二次電池になります。正極に二酸化鉛、負極には鉛、電解質としては希硫酸がそれぞれ用いられます。

　比較的高い電圧を持ち、大量の電流を流せますが、大型で重いという欠点もあります。そのため、鉛蓄電池は乾電池には用いられることはありません。重量があまり問題とならず、大電流を必要とする自動車などのバッテリーに用いられます。鉛蓄電池の例を図9-5-1に示します。

図9-5-1
鉛蓄電池

●鉛蓄電池の原理

　自動車などのバッテリーには、12.6Vの電圧のものが用いられます。鉛蓄電池の電圧は一つあたり2.1Vであり、自動車用のバッテリーはこれが6つ直列につながった図9-5-2のような構造をしています。一つ一つの鉛蓄電池はセルと呼ばれるため、このようなバッテリーのことを6セルバッテリーなどといいます。

　図9-5-2に示すように、鉛蓄電池は正極には二酸化鉛が、負極には鉛が、電解質としては希硫酸が用いられています。放電の際には、正極の二酸化鉛、負極の鉛が希硫酸と反応して硫酸鉛になる化学反応が起きます。一方、充電の際には、これとは逆の反応が起き、硫酸鉛が二酸化鉛と鉛に戻ります。

　鉛蓄電池を放電していくと電極の表面に硫酸鉛の結晶が表出します。鉛蓄

電池で起きるこの現象のことをサルフェーション(白色硫酸鉛化)といいます。硫酸鉛は電気を通しにくい性質を持っており、この結晶が表面に溜まるとバッテリーの充電ができなくなります。

図 9-5-3 に劣化した鉛蓄電池の様子を示します。鉛蓄電池の表面に硫酸鉛の白い結晶が表出しているのが見て取れます。このように、鉛蓄電池は放電しきると、硫酸塩結晶が発生し、充電がしにくくなるという問題があるため、放電した後にはすぐに充電することが望まれます。車を使わないでいるとバッテリーが上がってしまうのも、これが原因です。

図 9-5-2　鉛蓄電池の構造

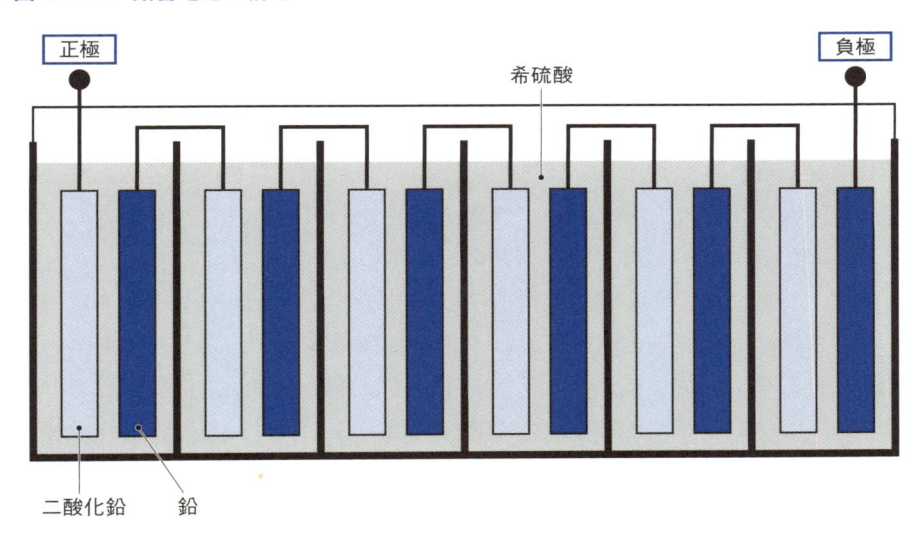

図 9-5-3　正常な鉛蓄電池と劣化した鉛蓄電池

9-6 リチウムイオン電池

●リチウムイオン電池

　リチウムイオン電池は正極にリチウムの化合物を含んだ充電が可能な電池です。充電が可能であるため、二次電池になります。

　リチウムイオン電池は小型で軽量な上、大容量であるという優れた特性を持つため、ノートパソコンや携帯電話などのバッテリーとして広く普及しています。また、放電しきらないうちに充電をしても劣化しないという特性もあります。一方で過充電や過放電には弱いため、注意が必要です。

　正極には、リチウム化合物として、コバルト酸リチウムなどのリチウム・コバルト系複合酸化物が使われることが多いですが、リチウム・ニッケル系複合酸化物やリチウム・マンガン系複合酸化物が用いられることもあります。負極にはグラファイトなどの炭素系素材が多く用いられます。

　また、リチウムイオン電池の電解液にはリチウムイオンを含んだ有機溶媒が利用されています。電池の電圧は正極、負極を構成する物質と電解液との関係で決まりますが、リチウムイオン電池では電解液に水溶液ではなく、有機溶媒を用いることで4V前後の電圧を実現できるようになりました。リチウムイオン電池の形状には円筒形、角形、ラミネート形、コイン形などがあります（図9-6-1）。

図9-6-1　リチウムイオン電池

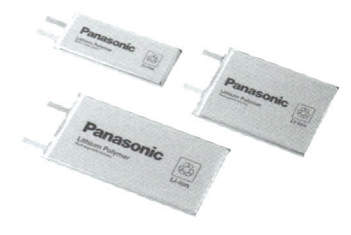

円筒形　　角形　　ラミネート形

（写真提供：パナソニック株式会社）

また、リチウムイオン電池の動作原理を図9-6-2、図9-6-3に示します。リチウムイオン電池ではリチウムイオンの動きが起電力を生み出すうえで重要になります。電池として利用する場合には、図9-6-2のようにカーボン材料内のリチウムイオンが、リチウム化合物側に移動します。この際、リチウムイオンは自由電子を放出し、電流が流れます。一方、充電時には図9-6-3のようにリチウム化合物内のリチウムがリチウムイオンとなり、カーボン材料側に戻ります。

図9-6-2
リチウムイオン電池の動作原理（放電時）

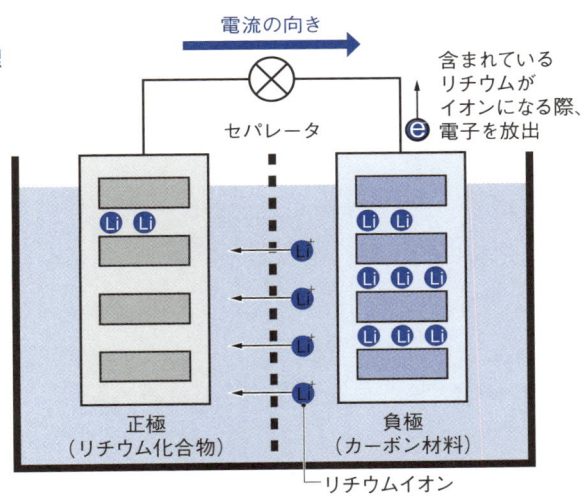

図9-6-3
リチウムイオン電池の動作原理（充電時）

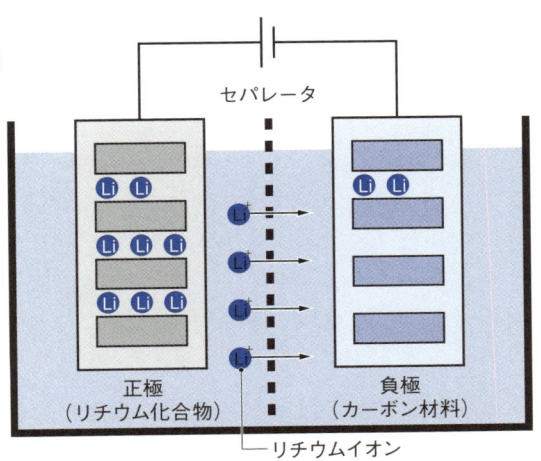

9-7 ニッケル水素電池

●ニッケル水素電池

　ニッケル水素電池は、正極に水酸化ニッケル、負極に水素吸蔵合金を含む充電が可能な電池です。充電が可能であるため、ニッケル水素電池は二次電池になります。水素吸蔵合金とは、水素を取り込む性質を持つ金属をうまく組み合わせることで、水素を吸う性質をより高めた合金になります。また、ニッケル水素電池の電解液には水酸化カリウム水溶液などのアルカリ性の水溶液が用いられます。

　ニッケル水素電池の形状には円筒形、角形、ガム型などがあります（図9-7-1）。ただし、ガム型の電池の販売は終息しつつあり、市場で見ることはあまりなくなっています。

図 9-7-1
ニッケル水素電池

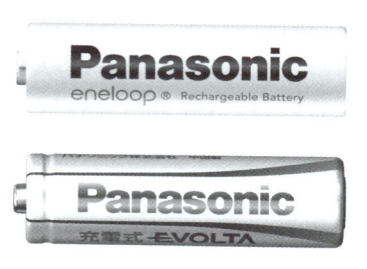

円筒形 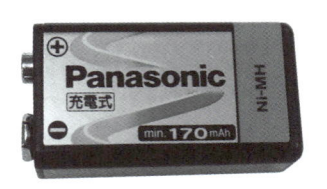　　　　　　　　　　　　　　角形

（写真提供：パナソニック株式会社）

　ニッケル水素電池は乾電池タイプの二次電池として広く普及していますが、その電圧は1.2Vでアルカリ・マンガン電池などの乾電池と比べ、0.3Vほど電圧が低くなります。そのため、電子機器によってはニッケル水素電池の使用を禁じている機種もあります。ニッケル水素電池の動作原理を図9-7-2、図9-7-3に示します。

　ニッケル水素電池では水素イオンの動きが起電力を生み出すうえで重要になります。電池として利用する場合には、図9-7-2のように水素吸蔵合金内

の水素が水素イオンとなり、水酸化ニッケル側に移動します。この際、水素イオンは自由電子を放出し、電流が流れます。一方、充電時には水酸化ニッケルがオキシ水酸化ニッケルに変化することで図9-7-3のように水素イオンを放出し、放出された水素イオンが水素吸蔵合金側に戻ります。

ニッケル水素電池は、それ以前に利用されていたニッケルカドミウム電池に比べ、環境負荷が低いなどといった利点がありますが、自然放電が大きく、過放電すると寿命が縮んでしまうという短所もあります。

図 9-7-2
ニッケル水素電池の動作原理（放電時）

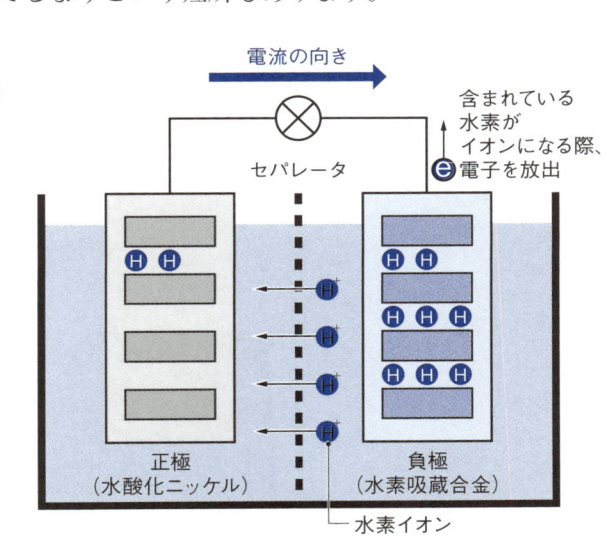

図 9-7-3
ニッケル水素電池の動作原理（充電時）

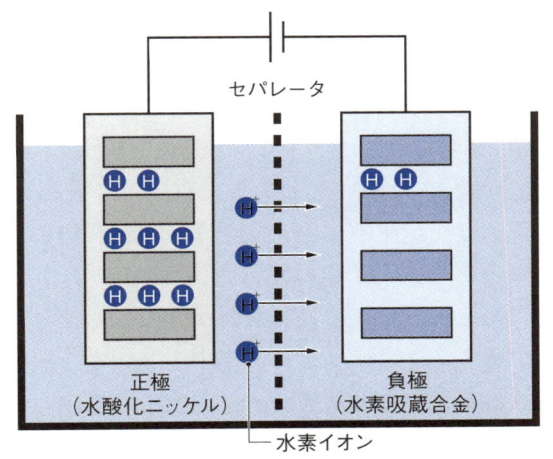

9-8 太陽電池

●太陽電池

　太陽電池は太陽光という光のエネルギーを電気エネルギーに変える物理電池の一種です。物質に光を照射すると起電力が発生する光起電力効果と呼ばれる現象を利用して電気を発電しています。光エネルギーをそのまま電気エネルギーに変化するため、乾電池のように電気を貯めておくことはできません。現在の多くの太陽電池はp型半導体とn型半導体を接合したpn接合型のフォトダイオード（p.72）を利用しています。太陽電池の例を図9-8-1に示します。

図9-8-1　太陽電池

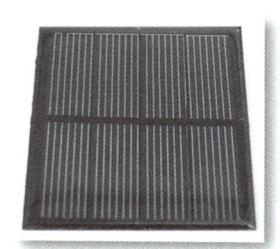

●太陽電池の原理

　太陽電池は基本的にはpn接合型フォトダイオードです。図9-8-2に太陽電池の構造を示します。太陽電池では半導体に光が当たるよう光の当たる面には隙間が空いています。太陽電池に光が入射すると、半導体の空乏層部分で励起が起き、図9-8-3のように自由電子が発生します。空乏層で発生した自由電子はn型半導体内を図中上方向に移動します。

　結果として、太陽電池には、図9-8-3のような方向に電流が流れます。半導体に光を当てることで起電力が発生するこの効果のことを、光起電力効果といいます。これはフォトダイオードで光を検出する方法と同様です。太陽電池はこの光起電力効果によって生じる起電力を、電流を流す力として利用します。図9-8-3に示すように太陽電池を利用する場合、p型半導体側が正極、

n型半導体側が負極になります。

図9-8-2　太陽電池の構造

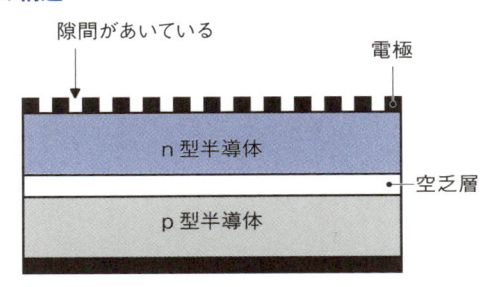

図9-8-3　太陽電池の構造（太陽光入射時）

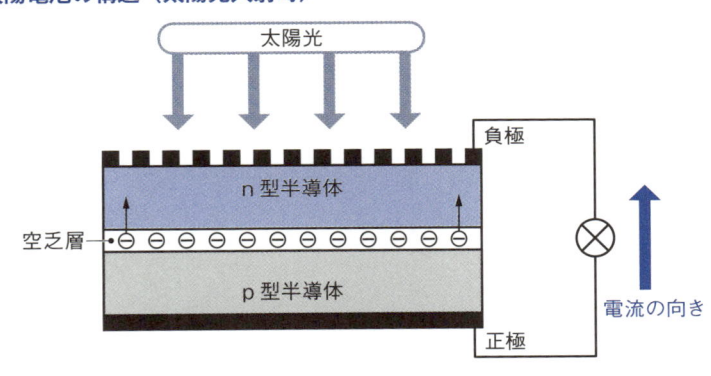

9・電池

ボルタ電池

ボルタ電池とは、イタリアの物理学者であるアレッサンドロ・ボルタが発明した世界で初めての電池です。電圧の単位であるボルトという単位もこの人の名前からきています。また、イタリアでユーロ導入以前に利用されていた 10000 リラ札の肖像としても利用されていました。

ボルタ電池の例を図 9-A に示します。ボルタ電池は正極に銅板を、負極に亜鉛板を、電解液に硫酸を用いることで電池を構成します。ボルタ電池は電解液の硫酸を液体のまま用いています。このような電池のことを湿電池といいます。

ボルタ電池を利用していると、正極である銅の側から水素が発生しますが、ボルタ電池にはこの水素が銅板にくっつくことにより、電圧が低下してしまうという欠点があります。この現象のことを分極といいます。また、湿電池であるため、使い勝手は乾電池ほどよくはなく、利用に制限があるという問題もあります。

図 9-A　ボルタ電池

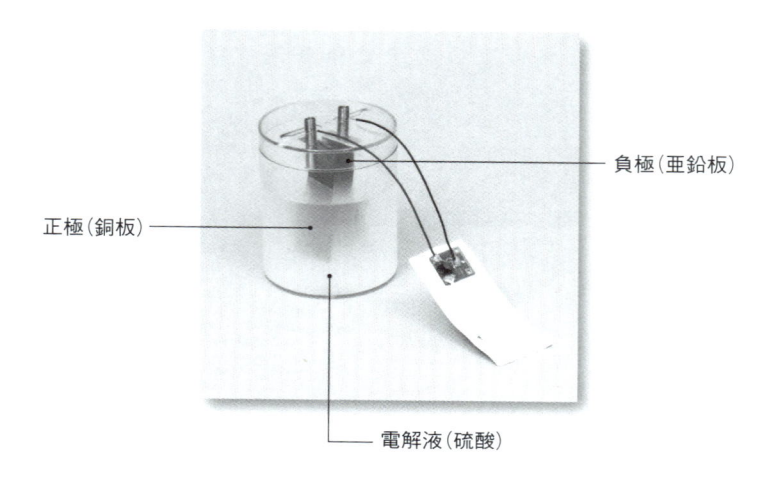

（写真提供：株式会社アーテック）

第10章

マイコン関連素子

マイコンとは回路を制御するための小さなコンピュータです。
マイコンを利用することで回路への入力を自由に制御し、
思いのままに動かすことができるようになります。
本章では、現在多く利用されているマイコンについて解説します。

10-1 マイコン

●マイコンとは

　マイコンとは、マイクロコンピュータ、あるいは、マイクロコントローラの略称です。特に回路などで用いられるRAMやCPUを単体で内蔵した集積回路のことをワンチップマイコンといいます。ここでは特にワンチップマイコンについて取り上げます。

　コンピュータを動作させるためには、実際の計算を担当するCPU（Central Processing Unit）、計算情報を記憶するための記憶装置であるRAM（Random Access Memory）など多くの機能が必要になります。マイコンはこれら計算のために必要となる部品が一つの集積回路としてまとまったパッケージです。ワンチップマイコンはこれらの計算に必要な装置を一つの集積回路にまとめることで、単体で計算の能力を持つ一つのコンピュータを構成します。

　マイコンはインテルが1971年に開発したIntel 4004が一般用としては世界で最初の製品であるといわれています。マイコンには、様々なものがありますが、現在出回っているものとしては、マイクロチップ・テクノロジー社が製造するPIC（図10-1-1）や、日立製作所が開発したH8シリーズ（図10-1-2）などがよく知られています。

　現在、用いられているマイコンはC言語などを用いてプログラムをすることで、様々な制御を実現できます。例えば、炊飯器や電子レンジなどの家電製品にもマイコンは組み込まれており、温度制御など、状況に応じた適切な制御を実現しています。

図 10-1-1　PIC マイコン

図 10-1-2　H8 マイコン

10-2 PIC

● PIC

　PIC（ピック）とは Peripheral Interface Controller の略称であり、現在用いられている代表的なマイコンの一つです。PIC には LED やモータなどの回路上の部品に信号を送り、それらを制御するための基本的な機能が備わっています。PIC はマイクロチップ・テクノロジー社が製造しているマイコンのシリーズになります。

　実際の PIC の例を図 10-2-1 に示します。PIC はその機能により、大きく分けて、ベースラインシリーズ、ミッドラインシリーズ、ハイエンドシリーズがあり、この順番で高機能で高価になっていきます。ベースラインシリーズ、ミッドラインシリーズ、ハイエンドシリーズは命令長のビット数が違っており、その長さはベースラインシリーズでは 12 ビット、ミッドラインシリーズでは 14 ビット、ハイエンドシリーズでは 16 ビットになっています。PIC に標準的に装備されている機能としては、実際に計算を行う CPU、計算結果を格納する RAM、プログラムを格納し、呼び出すための ROM などがあります。

　PIC を利用するときには PIC に行わせたい動作を C 言語などのプログラム言語で記述します。次に記述したプログラムを PIC に書き込むことで PIC にその動作を記憶させます。PIC へのプログラムの書き込みの際には PIC ライタと呼ばれるものを使います。PIC ライタの例を図 10-2-2 に示します。PIC を動作させるためのプログラムは多くの場合、C 言語で書きますが、C++ や Basic などにも対応しているものもあります。PIC へのプログラムの書き換えは繰り返しが可能であり、PIC ライタを用いることで新しいプログラムを何度も書き込むことができます。

　プログラムの書き込みには MPLAB IDE という専用のソフトが用いられます。

図 10-2-1　様々な PIC

図 10-2-2　PIC ライタ

10・マイコン関連素子

10-3 H8マイコン

● H8マイコン

　H8マイコン(エイチハチマイコン)とは日立製作所が開発したマイクロプロセッサです。現在はルネサスエレクトロニクス社が日立製作所からH8関連業務を引き継いでいます。

　H8という名前は開発された当初、H8マイコンのCPUが8ビットCPUであったことからきています。その後、16ビット、32ビットのCPUを持つ後継シリーズが開発された後もH8という名前がそのまま用いられています。図10-3-1にH8マイコンの例を示します。

　H8マイコンはあくまでも信号の制御を行うための部品であるため、モータの動作やUSBでの通信を行うためには、そのための回路を組み上げる必要があります。そのような作業の手間を省くためにマイコンボードと呼ばれるものがよく用いられます。H8マイコン用のマイコンボードの例を図10-3-2に示します。

　H8を利用するときにはH8マイコンに行わせたい動作をC言語などのプログラムで記述します。次に書き込み用ツールを用いて記述したプログラムをH8に書き込みます。モータの出力端子やUSB通信コネクタなどを備えたマイコンボードを利用すると開発の手間が省けます。マイコンボードの種類にもよりますが、H8への書き込みはUSBなどを経由して行うことができます。また、プログラムは繰り返し書き換えることができます。

　プログラムは多くの場合C言語で書きますが、Basicなどに対応している開発ツールもあります。H8マイコン用のプログラムをコンパイルするために、ルネサスエレクトロニクス社がHEW(ヒュー)(High-performance Embedded Workshop)と呼ばれる開発環境を提供しています。また、書き込みのためには、FDT(Flash Development Toolkit)と呼ばれる書き込みソフトが提供されています。

図 10-3-1　H8 マイコン

図 10-3-2　H8 マイコンボード

10・マイコン関連素子

10-4 水晶振動子

●水晶振動子

　水晶振動子とは決められた周波数での発振を行うための受動素子の一つです。水晶振動子で提供される振動数は非常に精度が高いため、周波数や時間を正確に測るために用いられます。例えば、クオーツ時計のクオーツは水晶という意味であり、水晶振動子が時間を測るために用いられていることを示しています。

　回路では、マイコンのクロック周波数を指定するために用います。クロック周波数とは回路を動かすための基準となる周波数のことで回路の中でCPUが動作する際のペースメーカ的な役割を担います。マイコンのCPUはこのクロック周波数に基づいて動作します。

　図10-4-1に水晶振動子の例を示します。水晶振動子は薄い膜状の水晶と電極で構成されています。水晶振動子の振動数はこの水晶の厚みによって決定します。

　水晶は電圧を加えるとその圧力によって変形が生じる圧電体と呼ばれる物質です。水晶に圧力を加えると電圧が発生するという圧電効果は、ノーベル賞を2回受賞しているキュリー夫人の夫であり自身もノーベル賞を受賞しているピエール・キュリーらによって発見されました。

　水晶はある特定の周波数で振動が強調される性質を持っています。この性質を積極的に利用するため、水晶振動子を利用するときには発振回路という回路を構成することでその振動を維持します。ここで、発振回路とは外部に対して持続的に特定の周波数を持った交流を出し続けるような回路のことで、発振回路を利用することで特定の周波数を持つ信号だけが外部に出力されるようになります。水晶振動子と発振回路を一つにまとめた電子部品を水晶発振器といいます。水晶発振器の例を図10-4-2に示します。

図 10-4-1　水晶振動子

図 10-4-2　水晶発振器

10・マイコン関連素子

10-5 セラミック発振子

●セラミック発振子

　セラミック発振子とは決められた周波数での発振を行うための受動素子の一つです。名前の通り、セラミックでできており、水晶振動子と似たような目的で用いられます。セラロックと呼ばれることもあります（セラロックは村田製作所の登録商標です）。

　多くのセラミック発振子はチタン酸ジルコン酸鉛と呼ばれる物質によってできています。水晶振動子よりも比較的安価で小型であるという利点がありますが、精度は水晶振動子に劣ります。そのため、水晶振動子よりも精度が要求されない時に利用されます。

　セラミック発振子は電圧をかけると圧電効果により変形が生じ、特定の周波数で共振が起きます。また、セラミック発振子を利用するときには発振回路を形成する必要があります。

　セラミック発振子は機械的な共振を利用しているため、外部の電気的な変動に対して頑健であるという利点があります。セラミック発振子の発振周波数は数百kHzから数十MHzです。

　図10-5-1にセラミック発振子の例を示します。また、図10-5-2に発振子の電気回路用図を示します。電気用図記号は2つの端子が出ていますが、セラミック発振子は3端子であるものが一般的です。セラミック発振子で3端子のものは、真ん中の足がGNDになります。セラミック発振子の振動は圧電性セラミックの大きさで決まります。

図 10-5-1　様々なセラミック発振子

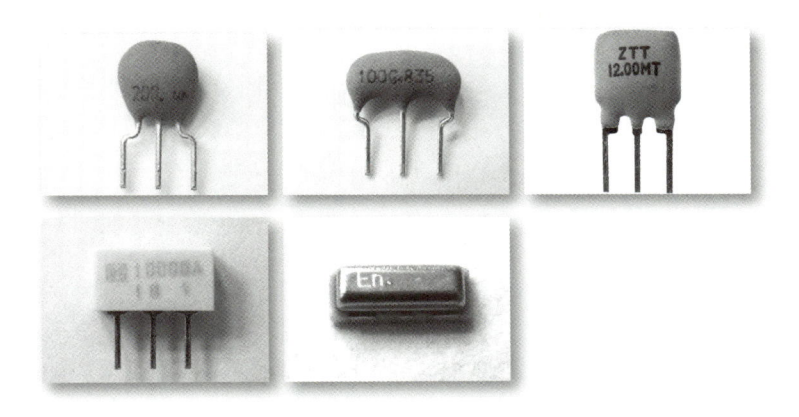

図 10-5-2　発振子を表す電気用図記号

●セラミックフィルタ

　セラミック発振子と用途は異なりますが、セラミックの圧電効果を利用した電子回路部品にセラミックフィルタがあります。セラミックフィルタとは、特定の周波数を通すような特性を持つ電子回路素子で、ラジオ用の電子部品などに利用されます。セラミックフィルタの例を図10-5-3に示します。

図 10-5-3　セラミックフィルタ

❗ はんだとはんだごて

　はんだは，はんだ付けのために用いられる合金で電子回路の製作に欠かせない材料です。はんだ付けとは、はんだを電子部品と基板の接着に用いることで電子部品を基板に配置するための作業のことをいいます。以前は鉛とすずの合金である含鉛はんだがよく用いられていましたが、環境や人体への配慮から RoHS などでその使用が禁じられるようになり、今では鉛フリーはんだもよく利用されるようになっています。鉛フリーはんだには鉛のかわりに銀や銅を含んだ合金やビスマスと呼ばれる金属を含んだ合金がよく用いられます。

　図 10-A にはんだの例を示します。個人で基板をはんだ付けする際には、図 10-B のような電子部品用のはんだごてを用います。はんだごては利用の際、大変熱くなるため、図 10-C のようなはんだごて台に載せて利用します。また、はんだ付けに失敗した場合には、図 10-D に示すようなはんだ吸引器や、はんだ吸い取り線を利用します。

図 10-A　はんだ

図 10-B　はんだごて

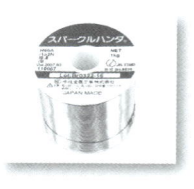

図 10-C　はんだごて台

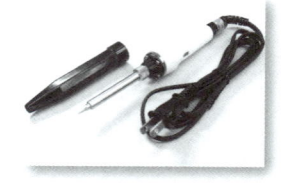

図 10-D　はんだ吸引器

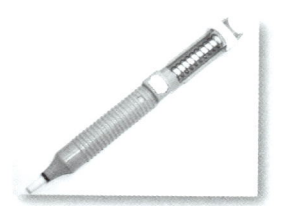

第 **11** 章

その他の電子部品

電子回路づくりに不可欠な部品は
抵抗やコンデンサだけではありません。
電子部品同士をつなぐ電線や回路の安全を保つための
ヒューズなどは、回路づくりに欠かせないものです。
本章では、これまでの章では触れられなかった
いくつかの電子部品について解説します。

11-1 ヒューズ

●ヒューズ

　ヒューズとは、過剰な電流が流れそうになったときに回路を守るために用いられる電子部品です。回路内に組み込まれたヒューズは普段は導体として電気を通します。しかし、過電流が流れると発生した熱によってヒューズ内の線が切れ、回路内に電気を通さなくなります。図11-1-1に現在販売されているヒューズの例を示します。また、図11-1-2にヒューズの電気用図記号を示します。

●ヒューズの構造

　ヒューズはリード線とリード線が低融金属で接続されており、特殊樹脂でコーティングされた低融金属をケースで封入した構造になっています（図11-1-3）。定められた電流よりも多くの電流が流れると、発生した熱で低融金属が溶断します。この溶断する部分のことを可溶体（かようたい）、あるいは、ヒューズエレメントといいます。

●ヒューズとブレーカー

　ヒューズと似たような動作をするものに家庭用電源にも用いられているブレーカーがあります。ブレーカーは日本語では配線用遮断器といい、過電流が流れると回路が遮断され、安全が保たれるという点ではヒューズとよく似ています。
　ブレーカーには熱によって湾曲するバイメタルと呼ばれるものが多く利用されており、過電流が流れるとバイメタルが湾曲しスイッチが切れる仕組みで動作します。ヒューズは一度溶断してしまうと交換する必要がありますが、ブレーカーに比べて比較的安価です。一方、ブレーカーは一度落ちても再度利用することができます。

図 11-1-1　ヒューズ

図 11-1-2　ヒューズを表す電気用図記号

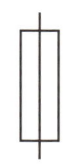

図 11-1-3　ヒューズの構造

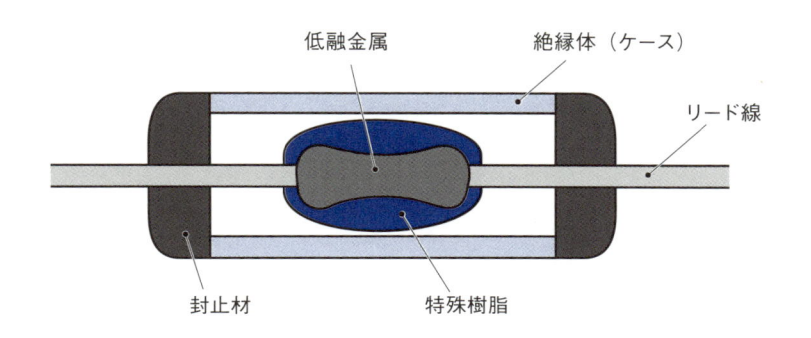

低融金属
絶縁体（ケース）
リード線
封止材
特殊樹脂

11・その他の電子部品

11-2 スイッチ

●スイッチ

　スイッチとは、回路の通電を ON/OFF できるようにするための電子部品です。スイッチには、その構造や接点の種類によりいくつかの分類があります。このうち、構造による分類について代表的なものとしては、押しボタン式のプッシュスイッチ（図 11-2-1）、レバーを上下、左右の一方向に倒すことで ON/OFF を制御できるトグルスイッチ（図 11-2-2）、電源の ON/OFF などで利用されるロッカスイッチ（図 11-2-3）、回転によって切り替えが可能なロータリースイッチ（図 11-2-4）などがあります。

　一方、接点による分類としては、スイッチの ON/OFF の種類によってメーク接点とブレーク接点の 2 種類があります。このうち、メーク接点とは、スイッチを入れない状態では OFF であり、スイッチを入れると ON になるような接点をいいます。M 接点、a 接点などともいいます。

　一方、ブレーク接点とは、スイッチを入れない状態では ON であり、スイッチを入れると OFF になるような接点をいいます。B 接点、b 接点などともいいます。

　スイッチの電気用図記号はその種類によって非常に多くのものがあります。ここではメーク接点、ブレーク接点を表す電気用図記号を、それぞれ図 11-2-5 に示します。

図 11-2-1　プッシュスイッチ

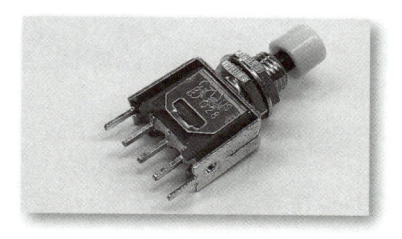

図 11-2-2　トグルスイッチ

図 11-2-3　ロッカスイッチ

図 11-2-4　ロータリースイッチ

図 11-2-5　スイッチを表す電気用図記号

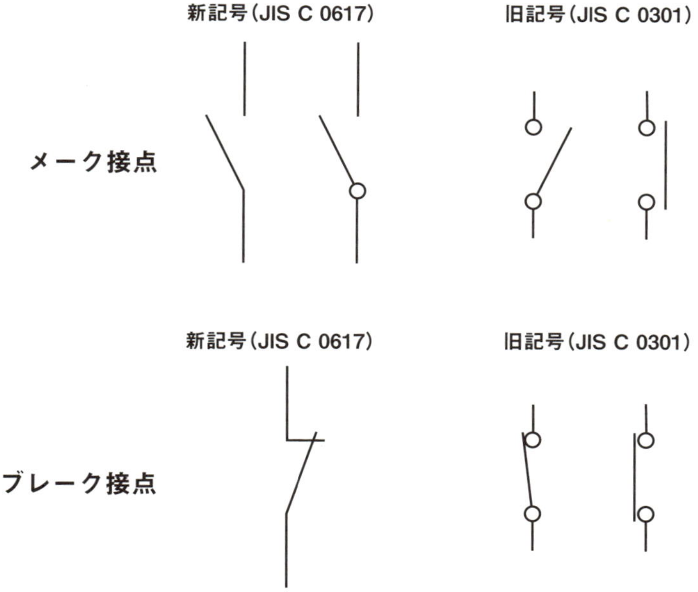

	新記号（JIS C 0617）	旧記号（JIS C 0301）
メーク接点		
ブレーク接点		

145

11-3 コンバータとインバータ

●コンバータとインバータ

　コンバータとは交流電源、または直流電源から直流電源をつくり出す電子部品です。交流から直流をつくり出すことを整流、または、順変換といいます。また、コンバータのことを日本語では整流器、あるいは、順変換装置といいます。一方、インバータとは直流から交流に変換するような電子部品です（図11-3-1）。コンバータと逆の働きをするため、日本語では逆変換装置といいます。

　コンバータにもいくつかの種類があります。交流電源から直流電源をつくり出すコンバータのことを AC-DC コンバータといいます。一方、直流電源から直流電源をつくり出すコンバータを DC-DC コンバータといいます。ここで、AC とは、Alternating Current の頭文字を取ったもので「交流」を意味します。また、DC とは、Direct Current の頭文字を取ったもので「直流」を意味します。

　AC-DC コンバータの身近な例としてはパソコンなどで利用される AC アダプタなどが挙げられます。図 11-3-2 に AC-DC コンバータの例を示します。一方、DC-DC コンバータは直流電源の電圧を所望の電圧に変換するための装置です。DC-DC コンバータは単体としても利用されますが、AC-DC コンバータの内部でもよく利用されます。例えば、パソコンなどの AC アダプタは交流電源を直流電源に変換しますが、その変換の過程では、まず、交流を直流に変換し、その後、変換された直流を、DC-DC コンバータで目的の電圧に落としています。

　一方、DC-AC インバータの身近な例としては車のシガーライターソケットから AC 電源を取る場合などが挙げられます。図 11-3-3 に車のシガーライターソケットから AC 電源に変換するための DC-AC インバータの例を示します。

図 11-3-1　コンバータとインバータ

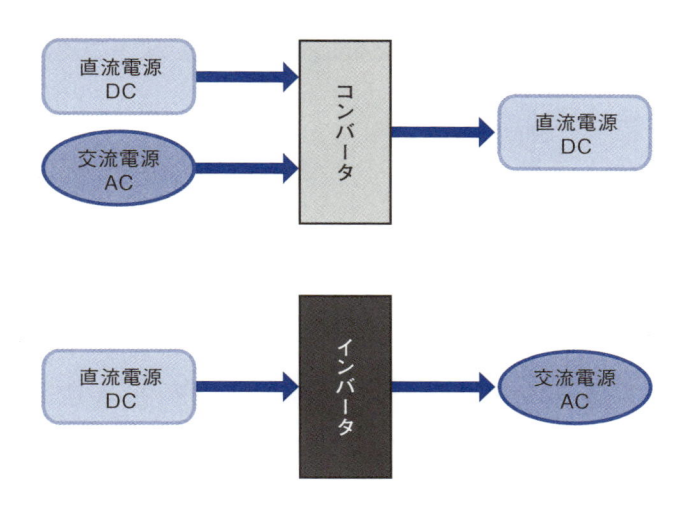

図 11-3-2　AC-DC コンバータ

図 11-3-3　DC-AC インバータ

11-4 モータ

●モータ

モータとは電気エネルギーを機械エネルギーに変換する電気機器です。モータは駆動源の種類や動作の違いによって、AC モータ、DC モータ、ステッピングモータ、サーボモータなどいくつかの種類があります。それぞれについて以下で解説します。

● AC モータ

AC モータとは交流電源によって動くモータです。コイルを永久磁石の周りに固定し、永久磁石を中心で回転させることで駆動します。AC モータは家庭用電源や業務用電源などで動作が可能であるため、大型化が容易であるという利点があります。AC モータの例を図 11-4-1 に示します。

図 11-4-1　AC モータ

(写真提供：オリエンタルモーター株式会社)

● DC モータ

DC モータとは直流電源によって動くモータです。モータの中でも最もよく利用されているモータで、永久磁石をコイルの周りに固定し、コイルを中心で回転させることで駆動します。

小型なものはミニ四駆などのおもちゃで用いられる一方、大型なものは電動自転車や自動車の動力源として利用されることもあります。DC モータの例を図 11-4-2 に示します。

図 11-4-2　DC モータ

●ステッピングモータ

　ステッピングモータとは外部からのパルス電力に同期して動作するモータです。名前の通り、パルス信号を与えるとステップ単位で回転します。

　制御のためには外部にパルス信号を与えるための制御部が必要です。回転角度と回転速度が与えるパルスの回数と周期によって定まるため、フィードバック機構を内蔵することなく、正確な制御が可能になります。ステッピングモータの例を図 11-4-3 に示します。

図 11-4-3　ステッピングモータ

(写真提供：オリエンタルモーター株式会社)

●サーボモータ

　サーボモータは、モータ内部にサーボ機構と呼ばれるフィードバック機構を内蔵し、目標値に追従するように制御可能なモータです。回転数や角度の指定ができるため、正確な制御を必要とするロボット用モータなどとして利用されます。AC 電源で動くサーボモータを AC サーボモータ、DC 電源で動くサーボモータを DC サーボモータといいます。サーボモータの例を図 11-4-4 に示します。

図 11-4-4　サーボモータ

11-5 モータドライバ

●モータドライバ

　モータドライバはモータを駆動・制御するための電子部品です。モータドライバの基本的な役割は、モータの制御用信号を外部から受け、その信号に従ってモータに必要となる電力を供給することにあります。モータの動かし方はDCモータ、ステッピングモータなどモータの種類によって異なっており、用いられるモータドライバもモータの種類ごとに異なります。

●モータとモータドライバ

　最も簡単な例としてDCモータを例にとり、モータとモータドライバの関係を説明します。

　DCモータは電流の流れる向きによって回転の方向が決まるモータです。DCモータ用のモータドライバは外部からの制御信号を受けて、モータにかける電圧の向きを変えられるようになっています。この電圧の向きを制御するため、モータの制御を行う際にはマイコンなどを用いて外部からモータドライバに信号を送ります。モータドライバはその信号に従い、モータにかける電圧の向きを制御します。

　マイコンから出る信号が5Vでモータに必要な電圧が5Vであるような場合、マイコンとモータを直接つなぎたくなるかもしれません。しかしながら、マイコンから供給できる電流には制限があり、それ以上の電流は流せない仕様になっています。そのため、マイコンなどから送られる信号が5Vでモータの駆動電圧が5Vであったとしても信号を直接モータにつなぐことはできません。

　これはパソコンでUSBなどから制御信号を送るときも同様です。USBから供給できる電流はUSB2.0では最大500mA、USB3.0では最大900mAとされており、それ以上の電流を必要とする電子部品を接続するとパソコン自体がシャットダウンしてしまうことがあります。そのため、マイコンからの

信号はあくまでもスイッチとして用い、それによってモータに別電源から電力が供給されるようにする必要があります。モータドライバはマイコンなど出されるこのような制御信号に従い、モータに電力を供給する役割を担います（図 11-5-1）。

図 11-5-1　モータとモータドライバの関係

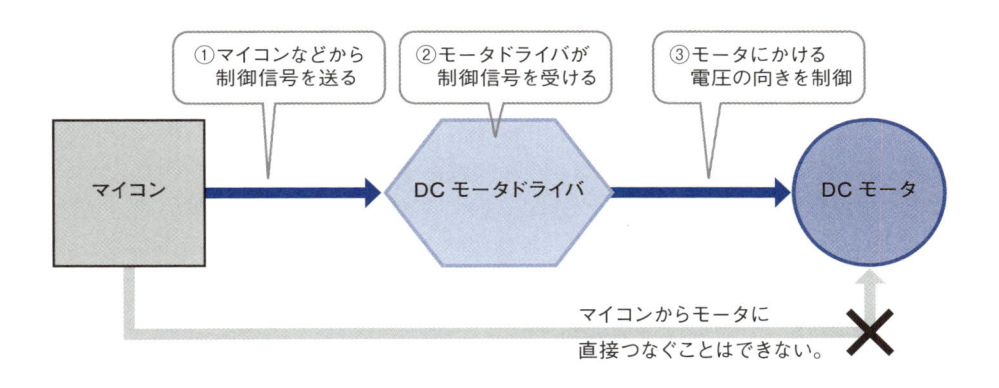

①マイコンなどから制御信号を送る
②モータドライバが制御信号を受ける
③モータにかける電圧の向きを制御

マイコン → DC モータドライバ → DC モータ

マイコンからモータに直接つなぐことはできない。

11-6 ヒートシンク

● ヒートシンク

　ヒートシンクとは電子部品から発生する熱を空気中に効率よく発散させるための部品です。例えば、三端子レギュレータは、電圧を指定された電圧に落とす際に、そのエネルギーを熱として消費します。また、モータドライバにはモータを動作させるために大量の電流が流れるため、やはり多くの熱が発生します。そのため、電子部品単体だと電子部品が非常に熱くなり、部品が自らの熱で燃えてしまうことがあります。これを防ぐために用いられるのがヒートシンクです。

　ヒートシンクは熱を発生する電子部品から熱を奪い、それを空気中に拡散することで部品の温度の上昇を抑えます。ヒートシンクの例を図11-6-1に示します。また、ヒートシンクが取り付けられた部品の例を図11-6-2に示します。

　ヒートシンクは熱伝導率の高いアルミニウムや銅でできており、図11-6-1に示すように表面積を増やすために板状や剣山状や蛇腹状の構造をしています。熱効率を上げるための突起のことを熱工学の専門用語でフィンといいます。表面積を増やすことでヒートシンクの熱の分散効率を向上し、より効率的に熱を発散させることができます。

　ヒートシンクの取り付けの際には部品とヒートシンクを密着させ、熱をきちんと伝える必要があります。しかしながら、単に部品とヒートシンクを接着させただけだと間に空気が入り、うまく熱が伝わりません。そのため、熱伝導率の高いシリコンなどでできたグリスを部品とヒートシンクの間に塗布することがよくあります。このようなグリスを塗布することで部品の熱をヒートシンク側により効率よく伝えることができるようになります。

図 11-6-1　ヒートシンク

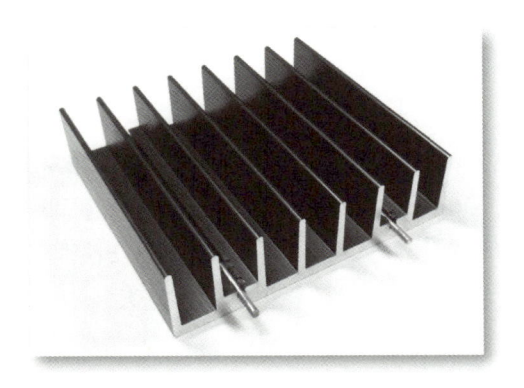

図 11-6-2　ヒートシンクが取り付けられた部品

ヒートシンク

11-7 電線

●電線

電線は回路をつくる際、電子部品と電子部品とをつなぐために用いられる素材です。導体を線状に伸ばしたもので、大きく分けて絶縁のために被覆されたタイプと特に被覆のないタイプがあります。このうち、絶縁のために被覆された電線のことを絶縁電線といいます。一方、被覆がなく金属が表面に出ている電線のことを裸電線といいます。電線の導線部分には、抵抗が少なく安価な銅がよく用いられます。一方、被覆部分にはポリ塩化ビニルやポリエチレンなどの有機材料やフッ素樹脂などの絶縁体が用いられます。

●ジャンパ線

ジャンパ線とは、離れた箇所にある二つの電子部品をつなぐための線のことです。既に部品が配線されているときにその配線をまたいでつなぐときに利用します。そのため、通常、ジャンパ線にはビニル線のような被覆されている電線を利用します。ジャンパ線の例を図 11-7-1 に示します。

電線は太いほど抵抗が小さく、細いほど抵抗が大きくなります。穴に対して線が太すぎると配線をすることができなくなりますが、あまりにも細いと電線で熱が発生し、線が切れてしまう可能性があるので注意が必要です。

一般的な回路基板の穴はおおよそ 1mm ほどなので、これに合わせた電線を利用します。

図 11-7-1　ジャンパ線

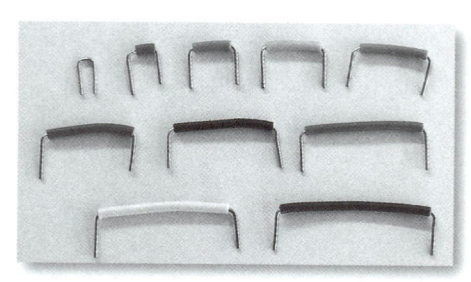

（写真提供：サンハヤト株式会社）

●エナメル線

　エナメルとは透明なガラス質の物体を金属に焼き付けたものです。エナメルという物質があるわけではなく、現在はポリウレタンなどの高分子材料が塗布されています。材料の表面を保護するための透明塗料のことをワニスというため、エナメル線に塗布された塗料のことをエナメルワニスということもあります。エナメル線はコイルの巻線などに利用されます。

　エナメル線はコーティングが透明であるため、見た目はむき出しの銅のように見えますが、表面にエナメルが塗布されているため、そのままでは絶縁されており、電気を通しません。そのため、通電の際には表面を削り取って使用します。図 11-7-2 にエナメル線の例を示します。

図 11-7-2　エナメル線

⚠️ リード線の加工用工具

　抵抗やコンデンサなど、電子工作に用いられる多くの部品にはリード線がついています。以下ではリード線の加工のための工具について説明します。

ニッパ
電線を切断するのに利用されます。真ん中に穴が開いているタイプのニッパもあり、導線を穴の位置に合わせることで絶縁導線の被覆部のみを取り除くことができます。

ラジオペンチ
抵抗やコンデンサについたリード線を曲げたり、ねじったりするための工具です。電子回路を組む際に多用されます。

ワイヤーストリッパー
絶縁導線の被覆部を取り除くための工具です。導線部分を傷つけやすいニッパに対してより確実に被覆部を取り除けます。

（写真提供：ホーザン株式会社）

第12章

センサ

センサは電子回路でよく用いられる電子部品の一つです。
センサは千差万別といわれるほど非常に多くの種類があり、
その用途も様々です。
本章では、これら多数のセンサの中から
電子回路でよく用いられるセンサをいくつか紹介します。

12-1 光センサ

●光センサ

　光センサとは、光の有無を検知するためのセンサです。光検出器ともいいます。光を検知するためのセンサには光伝導型光センサや光起電型光センサ、光電管などいくつかの種類があります。ここに挙げた光センサは光電効果と呼ばれる現象を利用した光センサです。光電効果とは物質が光を吸収したときに物質内部の電子が励起し、電子が飛び出したり、光起電力が発生したりする現象をいいます。

●光伝導型光センサ

　光伝導型光センサとは光の強度の増加に伴って、抵抗が減少するような光センサです。光の強度に対応して抵抗率が減少する効果のことを光伝導効果といいます。光伝導型光センサでは、この抵抗の減少を検知することで光の検知が可能になります。

　光伝導型光センサとして、特によく利用されるセンサにCdSセンサ(図12-1-1)があります。CdSセンサは硫黄とカドミウムの化合物である硫化カドミウムで構成されたセンサです。安価でありながら光応答性がよいため、広く利用されるセンサですが、RoHS(ローズ、ロハス)と呼ばれるEUによる有害物質規制に関する指令にカドミウムが含まれているため、2006年よりEU圏内への輸出ができなくなっています。

図 12-1-1　CdS センサ

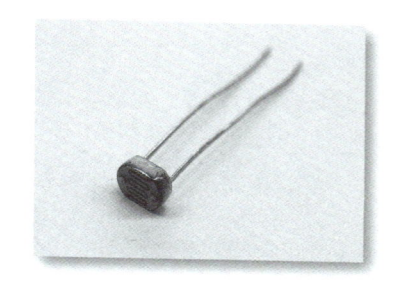

●光起電型光センサ

　光起電型光センサとは、光の強度の増加に対応して光起電力が発生することを利用した光センサになります。p型半導体とn型半導体をくっつけたpn接合構造や、p型半導体とn型半導体の間に抵抗の大きな半導体を挟んだpin構造を用いたものが主流です。これらの構造を持った電子部品は一般的にダイオードと呼ばれており、特に光センサとして用いられる電子部品はフォトダイオード（p.72）と呼ばれます。図12-1-2にフォトダイオードの例を示します。

図12-1-2　フォトダイオード

●光電管

　光電管は光を当てると陰極から電子が飛び出すような電子部品です。真空のガラス管の中に電極を2枚置いて電圧をかけておくと、陰極に光が当たった時、光電効果により、陰極から電子が飛び出し電流が流れるような仕組みになっています。

12-2 距離センサ

●距離センサ

距離センサとは、センサから対象物までの距離を測定するようなセンサです。距離センサには超音波センサ、光学式距離センサなどいくつかの種類があります。ここでは超音波センサ、光学式距離センサについて紹介します。

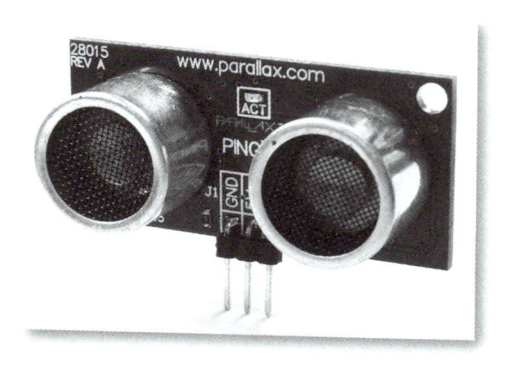

●超音波センサ

超音波センサは人間には聞こえない高波長の音波をとらえるためのセンサです。人間の可聴域は20Hzから20000Hz程度までといわれており、それ以上の周波数を持つ音波のことを超音波といいます。ただし、超音波センサの多くは音そのものをとらえることを目的したものというよりは主として障害物の検知・距離測定をする距離センサとして利用されます。超音波センサの例を図12-2-1に示します。

超音波センサは送波器と受波器の2つから構成され、送波器から出された超音波が受波器で受け取られるまでの時間を計測することで距離を測定しています（図12-2-2）。

図12-2-1　超音波センサ

図 12-2-2　超音波センサのしくみ

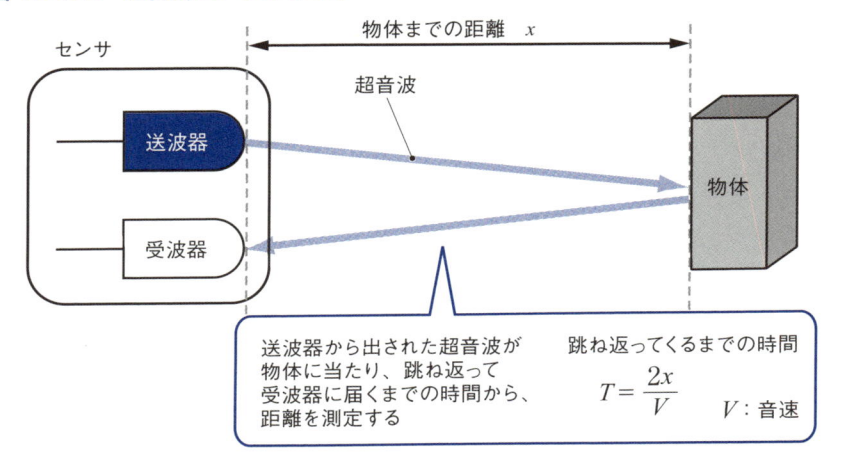

送波器から出された超音波が物体に当たり、跳ね返って受波器に届くまでの時間から、距離を測定する

跳ね返ってくるまでの時間

$$T = \frac{2x}{V}$$

V：音速

●光学式距離センサ

　光学式距離センサは超音波の代わりに光を利用して距離を測定するセンサです。投光器から光を放出し、その光を受光器で受け取り解析することで距離を測定しています。光学式距離センサの例を図12-2-3に示します。

　距離の測定法には光が対象物にぶつかってから元に戻ってくるまでの時間を計測するタイムオブフライト（TOF）と呼ばれる手法や三角測量の原理を応用した三角測距方式などが知られています。タイムオブフライトには、パルス伝播方式と位相差測距方式の二種類があります。このうち、パルス伝播方式とは光をパルス状に放出し、戻ってくるまでの時間を計測する方法のことです。一方、位相差測距方式とは放出された光と戻ってきた光との位相差を元に距離を計測する方法です。

　光学式距離センサに用いられる光にはLED光源やレーザーがあります。

図 12-2-3　光学式距離センサ

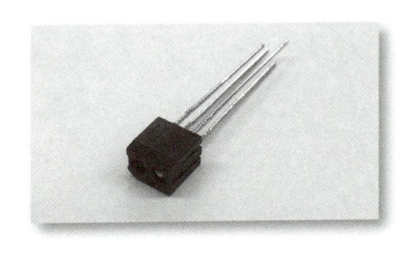

12-3 圧力センサ

●圧力センサ

　圧力センサとは物体にかかる圧力を測定するためのセンサです。物体にかかる圧力は物体に加えられた力によるひずみを計測することで測定します。物体のひずみ計測のためのセンサには、ひずみによる抵抗変化を利用したひずみゲージや、圧電効果を利用した圧電素子などがあります。それぞれについて以下で説明を加えます。

●ひずみゲージ

　ひずみゲージとは物体のゆがみ具合を測定するためのセンサです。ひずみのことを英語で Strain というため、ストレインゲージともいいます。ひずみゲージの例を図 12-3-1 に示します。

　ひずみゲージの模式図を図 12-3-2 に示します。ひずみゲージは細長い金属線が折りたたまれるように配置された構造になっています。ひずみゲージに変形が生じると図 12-3-2 のように配置された導線が細くなり、結果としてひずみゲージの抵抗が上がります。ひずみゲージはこの抵抗の変化を利用することで物体のひずみを測定しています。

図 12-3-1　ひずみゲージの例

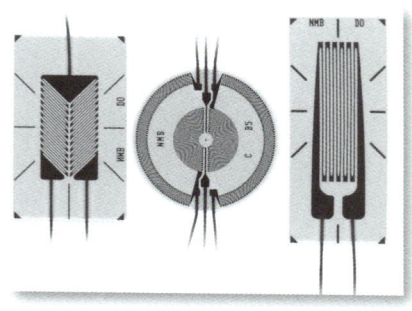

（写真提供：ミネベア株式会社）

図 12-3-2　ひずみゲージの構造

ひずみゲージに変形が生じる

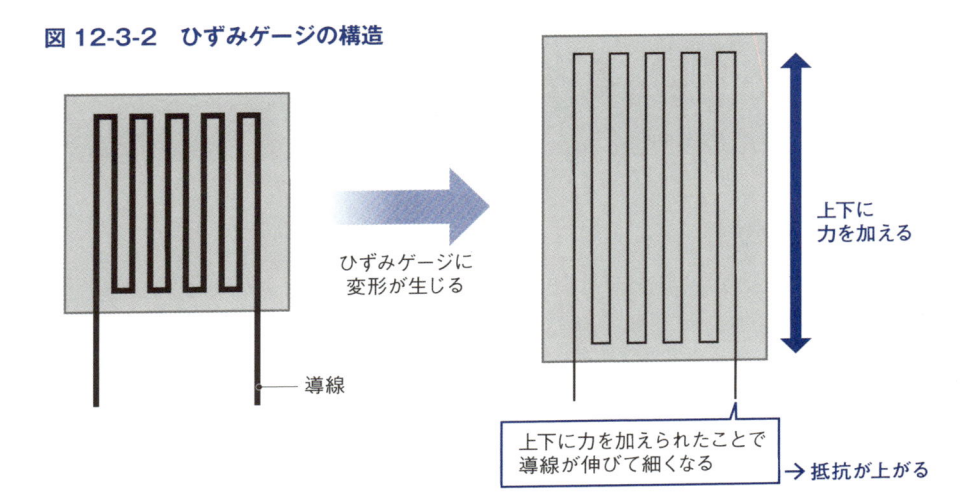

導線

上下に力を加える

上下に力を加えられたことで導線が伸びて細くなる　→ 抵抗が上がる

●圧電素子

　圧電素子とは圧電効果と呼ばれる現象を利用した圧力センサです。圧電素子のことを英語で piezoelectric element というため、ピエゾ素子とも呼ばれます。圧電効果とは物体に力を加えたときに、それに比例した電圧が発生する現象のことをいいます。また、逆に圧電素子に電圧を加えると、圧電素子は変形することが知られており、この現象まで含めて圧電効果という場合もあります。このような性質を持つ物質のことを圧電体といい、水晶やセラミック、ピエゾフィルムなどがこれに当てはまります。硬い水晶やセラミックと異なり、ピエゾフィルムは薄く柔らかい素材で衝撃に強い特長があります。

　圧電素子は圧電体を2枚の電極で挟み込んだ簡単な構造をしており、電極に電線をつなぐことで加えられた力に応じた電圧を検出することができるようになります（図 12-3-3）。圧電素子は圧力センサとしてだけでなく、マイクロホンやスピーカなどとしても利用されます。

図 12-3-3
圧電素子（ピエゾフィルム）

（写真提供：株式会社東京センサ）

12-4 加速度センサ

●加速度センサ

加速度センサとは、物体にかかる加速度を測定するためのセンサです。加速度とは、単位時間あたりの速度の変化率のことです。加速度センサには検出原理に応じて、いくつかの種類があります。ここでは、静電容量型加速度センサ、ピエゾ抵抗型加速度センサについて記述します。

●静電容量型加速度センサ

静電容量型加速度センサは、センサを構成する可動部と固定部の間の相対的な位置変化を静電容量の変化として検知することで加速度を計測するセンサです。静電容量型加速度センサの構造を図12-4-1に示します。

静電容量型加速度センサでは、図12-4-1の①のように可動部についた電極と固定された電極が向い合せで設置され、コンデンサを形成しています。

静電容量型加速度センサに対して加速度が生じると、図12-4-1の②のように可動部がその加速度によってゆがみます。すると、可動部についた電極と固定された電極の間の距離が変化し、結果として静電容量が変化します。静電容量型加速度センサは、この静電容量の変化を利用することで加速度を検知しています。

図 12-4-1
静電容量型加速度センサの構造

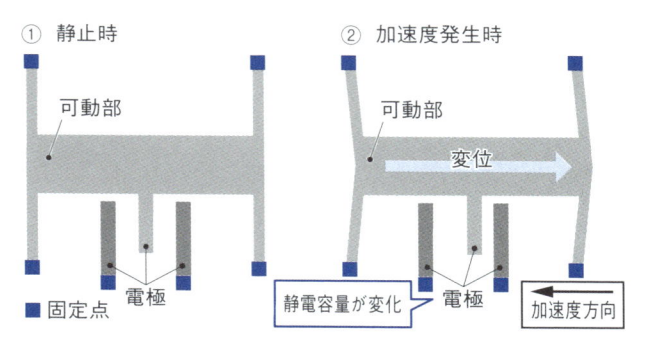

●ピエゾ抵抗型加速度センサ

　ピエゾ抵抗型加速度センサはセンサの可動部と固定部をつなぐ部位にピエゾ素子を配置し、加速度によって生じたゆがみをピエゾ素子によって検知することで加速度を計測するセンサです。

　ピエゾ抵抗型加速度センサは図12-4-2のように、中心にある可動部とまわりにある固定部、ピエゾ抵抗からなるセンサです。図12-4-2の①に示すようにピエゾ抵抗型加速度センサは中心にある可動部とまわりにある固定部をつなぐ部分にピエゾ抵抗がくっついたような形になっています。

　ここで、ピエゾ抵抗とは、力を加えたときに抵抗値が変化するような抵抗のことをいいます。図12-4-2の②のようにこのセンサに対して加速度が生じると、可動部がその加速度によって移動します。すると可動部と固定部をつなぐピエゾ抵抗部分にもゆがみが生じ、左側は伸び、右側は縮むことになります。ピエゾ抵抗型加速度センサは、このとき生じるピエゾ抵抗の抵抗値の変化を計測することで加速度を検知しています。

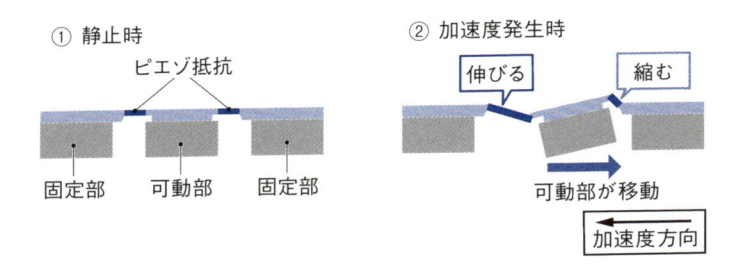

図12-4-2　ピエゾ抵抗型加速度センサの構造

12-5 ロータリーエンコーダ

●ロータリーエンコーダ

　ロータリーエンコーダとは、入力の回転を計測できる角度センサです。ロータリーエンコーダにはその計測方式に従って、ブラシ式、光学式、磁気式などがあります。また、角度の測定方式による分類として、初期の角度からの相対的な角度変化を取得できるインクリメンタル方式と原点に対する絶対的な角度を取得できるアブソリュート方式があります。ここでは、最も一般的な光学式インクリメンタルロータリーエンコーダについて説明します。

●光学式インクリメンタルロータリーエンコーダ

　光学式インクリメンタルロータリーエンコーダとは、初期位置からの相対的な回転角を出力するロータリーエンコーダです。インクリメンタル（incremental）には増分という意味があります。光学式ロータリーエンコーダでは、モータの回転数を光パルスの数というデジタルの値に置き換えて出力します。また、エンコードには符号化するという意味があり、ロータリーエンコーダという名前には、回転角度をパルスという形で符号化するという意味が込められています。ロータリーエンコーダの例を図12-5-1に示します。

　図12-5-2に示すようにロータリーエンコーダは、穴の開いたスリット円板を挟んで発光ダイオードとフォトダイオードを互いに向かい合うように配置した構造になっています。例えば、モータの回転などを測定するためには、モータをシャフトにつなげ、モータの回転に合わせてスリット円板も回転するようにします。スリット円板が回転すると、図12-5-3に示すように光が通過する状態と光が遮断される状態を繰り返します。ロータリーエンコーダはこの光が通過する状態と光が遮断される状態の繰り返しを数え上げることで角度を計測します。なお、実際のスリット円板は光の透過と遮断を明確に区別できるように図12-5-3のように固定スリット板とスリット円板を組み合わせた構造になっています。

図 12-5-1
ロータリーエンコーダ

図 12-5-2
ロータリーエンコーダの構造

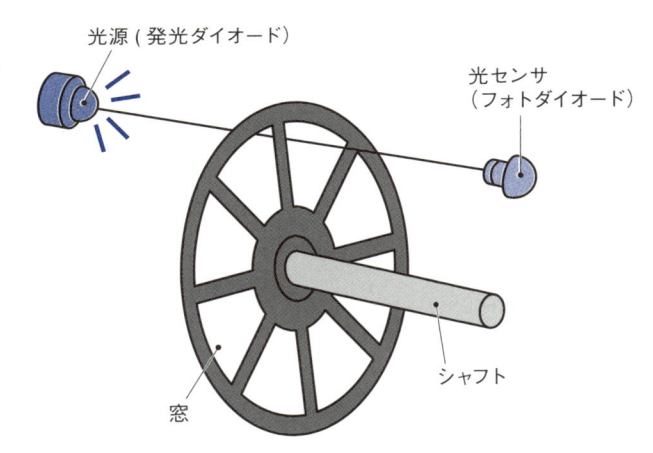

光源 (発光ダイオード)
光センサ（フォトダイオード）
シャフト
窓

図 12-5-3
ロータリーエンコーダの原理

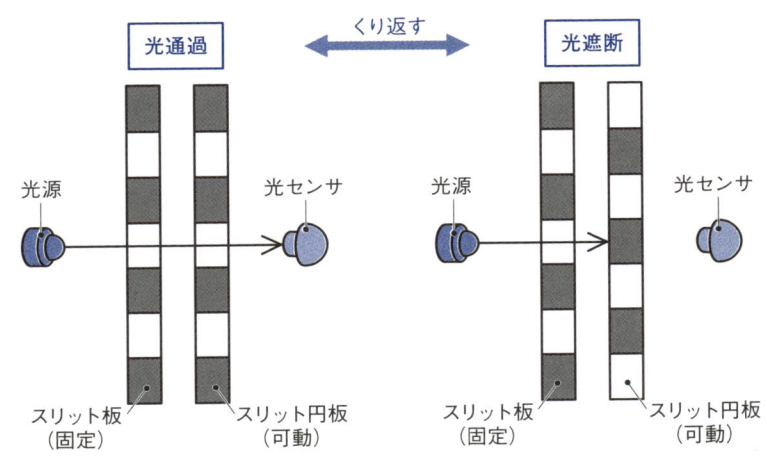

光通過 ←くり返す→ 光遮断

光源　光センサ　光源　光センサ

スリット板（固定）　スリット円板（可動）　スリット板（固定）　スリット円板（可動）

12・センサ

電気用図記号

主なものを記しました。
向きなどは回路図によってかわります。

アンテナ	可変抵抗
NPN トランジスタ	GND（グランド）
PNP トランジスタ	コイル
一次電池および二次電池	交流電源
イヤホン	コンセント（電力用）
インバータ（逆変換装置）	コンデンサ（無極）（有極）
オペアンプ	サイリスタ
可変コンデンサ	水晶振動子

スイッチ（ブレーク接点）	電流計 （直流） （交流）
スイッチ（メーク接点） または	トランス
ステッピングモータ M	発光ダイオード（LED）
スピーカ	バリスタ U
接続 （非接続）	半固定コンデンサ
端子	半導体ダイオード（ダイオード）
ツェナーダイオード	ヒューズ
抵抗	フォトダイオード
電圧計 （直流） （交流）	フォトトランジスタ

用語索引

英字

AC−DCコンバータ・・・・・・・・・・・・・ 146
ACモータ・・・・・・・・・・・・・・・・・・・・・ 148
ASIC・・・・・・・・・・・・・・・・・・・・・・・・・ 23
CPU・・・・・・・・・・・・・・・・・・・・・・・・・ 130
DC−ACインバータ・・・・・・・・・・・・・ 146
DC−DCコンバータ・・・・・・・・・・・・・ 146
DCモータ・・・・・・・・・・・・・・・・・・・・・ 148
DRAM・・・・・・・・・・・・・・・・・・・・・・・ 25
H8マイコン・・・・・・・・・・・・・・・・・・・ 134
i型半導体・・・・・・・・・・・・・・・・・・・・・ 19
IC・・・・・・・・・・・・・・・・・・・・・・・・・・・ 22
JIS・・・・・・・・・・・・・・・・・・・・・・・・・・ 50
LD・・・・・・・・・・・・・・・・・・・・・・・・・・・ 70
LED・・・・・・・・・・・・・・・・・・・・・・・・・ 68
LSI・・・・・・・・・・・・・・・・・・・・・・・・・・ 22
MOS FET・・・・・・・・・・・・・・・・・・ 84
NPNトランジスタ・・・・・・・・・・・・・・ 80
n型半導体・・・・・・・・・・・・・・・・・・・・・ 21
NチャネルMOS FET・・・・・・・・・・ 84
Opアンプ・・・・・・・・・・・・・・・・・・・・・ 90
PCB・・・・・・・・・・・・・・・・・・・・・・・・・ 106
PIC・・・・・・・・・・・・・・・・・・・・・・・・・・ 132
PNPトランジスタ・・・・・・・・・・・・・・ 82
pnダイオード・・・・・・・・・・・・・・・・・・ 66
PPコン・・・・・・・・・・・・・・・・・・・・・・・ 45
PWB・・・・・・・・・・・・・・・・・・・・・・・・ 106
p型半導体・・・・・・・・・・・・・・・・・・・・・ 20
pn接合・・・・・・・・・・・・・・・・・・・・・・・ 66
PチャネルMOS FET・・・・・・・・・・ 86
RAM・・・・・・・・・・・・・・・・・・・ 25, 130
RLC回路・・・・・・・・・・・・・・・・・・・・・ 52
RoHS指令・・・・・・・・・・・・・・・・・・・・ 50
SoC・・・・・・・・・・・・・・・・・・・・・・・・・ 22
SRAM・・・・・・・・・・・・・・・・・・・・・・・ 25

ア行

青色発光ダイオード・・・・・・・・・・・・・・・ 76
アップトランス・・・・・・・・・・・・・・・・・・ 60
アディティブ法・・・・・・・・・・・・・・・・・ 106
アナログIC・・・・・・・・・・・・・・・・・・・・ 22
アノード・・・・・・・・・・・・・・・・・・・・・・・ 64
アルカリ・マンガン電池・・・・・・・・・・ 118
アルミ電解コンデンサ・・・・・・・・・・・・・ 42
アンペールの法則・・・・・・・・・・・・・・・・ 54
一次コイル・・・・・・・・・・・・・・・・・・・・・ 58
一次電池・・・・・・・・・・・・・・・・・・・・・・ 112
インコヒーレントな光・・・・・・・・・・・・・ 71
インダクタ・・・・・・・・・・・・・・・・・・・・・ 52
インダクタンス・・・・・・・・・・・・・・・・・・ 52
インバータ・・・・・・・・・・・・・・・・・・・・ 146

エアバリコン	48		共有結合	19
エナメル線	155		距離センサ	160
エミッタ	80		キルヒホッフの法則	15
演算増幅器	90		金属皮膜抵抗	30
円筒形チップ抵抗	32		キンピ抵抗	30
円板型セラミックコンデンサ	46		空芯コイル	53
エンハンスメント型	84		空乏層	66
オームの法則	15		クロック周波数	136
オペアンプ	90		ゲート	84
温度補償型コンデンサ	46		コアコイル	53
			コイル	52
			光学式距離センサ	161
			光電管	159

カ行

カーボン抵抗	30		降伏現象	74
回路図	14		厚膜型金属皮膜抵抗	30
角形チップ抵抗	32		高誘電率型コンデンサ	46
化成処理	42		固定コンデンサ	40, 48
カソード	64		固定抵抗	36
片面基板	104		コヒーレントな光	71
可変コンデンサ	48		コレクタ	80
可変抵抗	36		コンデンサ	40
カラーコード	38		コンバータ	146
乾電池	114			
機構部品	12			
揮発性メモリ	24, 25			
基板	102			
逆変換装置	146			
キャパシタ	40			
キャパシタンス	40			

サ行

- サーボモータ・・・・・・・・・・・・・・・・・・・・・・ 149
- サイリスタ・・・・・・・・・・・・・・・・・・・・・・・・ 96
- 差動増幅回路・・・・・・・・・・・・・・・・・・・・・ 90
- サブトラクティブ法・・・・・・・・・・・・・・・ 106
- サルフェーション・・・・・・・・・・・・・・・・・ 121
- 酸化金属皮膜抵抗・・・・・・・・・・・・・・・・ 31
- サンキン抵抗・・・・・・・・・・・・・・・・・・・・・ 31
- 三相交流・・・・・・・・・・・・・・・・・・・・・・・・ 60
- 三相交流変圧器・・・・・・・・・・・・・・・・・・ 60
- 三端子レギュレータ・・・・・・・・・・・・・・・ 94
- シール基板・・・・・・・・・・・・・・・・・・・・・ 110
- 自己消弧素子・・・・・・・・・・・・・・・・・・・・ 78
- 自己消弧能力・・・・・・・・・・・・・・・・・・・・ 97
- 湿電池・・・・・・・・・・・・・・・・・・・ 114, 128
- ジャンパ線・・・・・・・・・・・・・・・・・・・・・ 154
- 集積回路・・・・・・・・・・・・・・・・・・・・・・・ 22
- 充電・・・・・・・・・・・・・・・・・・・・・・・・・・ 112
- 集電棒・・・・・・・・・・・・・・・・・・・・・・・・ 116
- 受動部品・・・・・・・・・・・・・・・・・・・・・・・ 12
- 順変換・・・・・・・・・・・・・・・・・・・・・・・・ 146
- シリコンの結晶・・・・・・・・・・・・・・・・・・ 19
- 真空管・・・・・・・・・・・・・・・・・・・・・・・・・ 88
- 真性半導体・・・・・・・・・・・・・・・・・・・・・ 19
- 水晶振動子・・・・・・・・・・・・・・・・・・・・ 136
- 水晶発振器・・・・・・・・・・・・・・・・・・・・ 136
- スイッチ・・・・・・・・・・・・・・・・・・・・・・ 144
- スチロールコンデンサ・・・・・・・・・・・・・ 44
- ステッピングモータ・・・・・・・・・・・・・ 149
- スルーホール・・・・・・・・・・・・・・・・・・ 104
- 正孔・・・・・・・・・・・・・・・・・・・・・・・・・・・ 20
- 静電容量・・・・・・・・・・・・・・・・・・・・・・・ 40
- 整流・・・・・・・・・・・・・・・・・・・・・・・・・・ 146
- 積層型セラミックコンデンサ・・・・・・・ 46
- 絶縁体・・・・・・・・・・・・・・・・・・・・・・・・・ 18
- 絶縁電線・・・・・・・・・・・・・・・・・・・・・・ 154
- セパレータ・・・・・・・・・・・・・・・・・・・・ 116
- セメント抵抗・・・・・・・・・・・・・・・・・・・ 35
- セラミックコンデンサ・・・・・・・・・・・・ 46
- セラミック発振子・・・・・・・・・・・・・・ 138
- セラミックフィルタ・・・・・・・・・・・・・ 139
- セラロック・・・・・・・・・・・・・・・・・・・・ 138
- 相変換変圧器・・・・・・・・・・・・・・・・・・・ 60
- ソース・・・・・・・・・・・・・・・・・・・・・・・・・ 84

タ行

- ダイオード・・・・・・・・・・・・・・・・・・・・・ 64
- 太陽電池・・・・・・・・・・・・・・・・・・・・・・ 126
- ダウントランス・・・・・・・・・・・・・・・・・ 60
- 単相交流・・・・・・・・・・・・・・・・・・・・・・・ 60
- 単相交流変圧器・・・・・・・・・・・・・・・・・ 60
- 炭素皮膜抵抗・・・・・・・・・・・・・・・・・・・ 30
- 炭素棒・・・・・・・・・・・・・・・・・・・・・・・・ 116
- タンタル電解コンデンサ・・・・・・・・・・ 42
- チップ抵抗・・・・・・・・・・・・・・・・・・・・・ 32

超音波センサ	160
チョークコイル	56
ツェナーダイオード	74
抵抗	28
定電圧ダイオード	74
デジタルＩＣ	22
デプレッション型	84
電圧	11
電圧計	100
電位	11
電位差	11
電解コンデンサ	40, 42
電気回路	15
電気伝導体	18
電気用図記号	14
電気容量	40
電源用チョーク	56
電子回路基板	102
電線	154
電池	112
電流	11
電流計	100
電流注入発光	69
導体	18
同調コイル	57
トグルスイッチ	144
トランジスタ	78
トランス	58
トリマ・コンデンサ	48
ドレイン	84
トロイダル・コア	55
トロイダル・コイル	54

ナ行

生基板	106
鉛蓄電池	120
二次コイル	58
二次電池	112
ニッケル水素電池	124
ニッパ	156
能動部品	12

ハ行

バーアンテナ	57
バイポーラトランジスタ	78
薄膜型金属皮膜抵抗	30
裸電線	154
発光ダイオード	68
バリアブルコンデンサ	48
バリコン	48
バリスタ	98
パワーインダクタ	56
半固定コンデンサ	48
半固定抵抗	36
はんだ	140
半導体	18

半導体記憶素子	24		ポリバリコン	48
ヒートシンク	152		ポリプロピレンコンデンサ	45
光起電型光センサ	159		ボルタ電池	128
光起電力効果	73, 126			
光センサ	158			
光伝導型光センサ	158		**マ行**	
ヒューズ	142			
表面実装	33		マイコン	130
平形6層電池	114		マイラ	45
フィルムコンデンサ	44		巻線抵抗	34
フォトカプラ	92		マスクROM	25
フォトダイオード	72		マルチメーター	100
不揮発性メモリ	24, 25		マンガン電池	116
プッシュスイッチ	144		メーク接点	144
不導体	18		メタルクラッド抵抗	34
プリント基板	106		メモリIC	23, 24
フルカラーLED	68		メルフ抵抗	32
ブレーカー	142		モータ	148
ブレーク接点	144		モータドライバ	150
フレキシブル基板	106			
ブレッドボード	108		**ヤ行**	
ベーク基板	102			
ベース	80		誘導起電力	52
ベース電流	81, 83		ユニバーサル基板	104
変圧器	58		ユニポーラトランジスタ	78
ホーロー抵抗	35			
ボタン電池	114			
ポテンショメータ	36			
ポリエステルコンデンサ	45			

ラ行

- ラジオペンチ················ 156
- ランド······················ 104
- リード線抵抗················ 30
- リジッド基板················ 106
- リジッドフレキシブル基板···· 106
- リチウムイオン電池·········· 122
- リフレッシュ················ 25
- 両面基板···················· 104
- リングコイル················ 54
- レーザーダイオード·········· 70
- ロータリースイッチ·········· 144
- ロジックＩＣ················ 23
- ロッカスイッチ·············· 144

ワ行

- ワイヤーストリッパー········ 156
- ワンチップマイコン·········· 130

■写真提供

オリエンタルモーター株式会社／SFJ株式会社／株式会社アーテック／株式会社秋月電子通商／株式会社ウエノ／株式会社タマオーム／株式会社東京センサ／株式会社中村電機製作所／サンハヤト株式会社／株式会社東京センサ／パナソニック株式会社／ホーザン株式会社／マルツパーツ館（マルツエレック株式会社）／ミネベア株式会社／山下マテリアル株式会社

■参考文献

『電子部品図鑑』小島昇 著／誠文堂新光社
『わかる！電子工作の基本100』遠藤敏夫 著／秀和システム
『C言語によるPICプログラミング入門』後閑哲也 著／技術評論社
『PICとセンサの電子工作』鈴木哲哉 著／ラトルズ
『次世代センサハンドブック』藍 光郎 監修／培風館

（順不同）

■執筆協力者

松本友実

■執筆者紹介
松本光春（まつもと・みつはる）
早稲田大学大学院理工学研究科博士後期課程修了。博士（工学）。
早稲田大学理工学術院助手、助教等を経て、現在、国立大学法人電気通信大学准教授。
2009年エリクソン・ヤング・サイエンティスト・アワード、2011年FOST熊田賞受賞。
著書に『apache辞典』（翔泳社・単著）、『次世代センサハンドブック』（培風館・分担執筆）などがある。
ホームページ　http://www.mm-labo.com

- ●装　　　丁　　中村友和（ROVARIS）
- ●作図＆イラスト　下田麻美
- ●編　集＆DTP　ジーグレイプ株式会社

しくみ図解シリーズ
電子部品が一番わかる

2013年8月5日　初版　第1刷発行
2023年2月1日　初版　第5刷発行

著　　者　松本光春
発　行　者　片岡　巌
発　行　所　株式会社技術評論社
　　　　　　東京都新宿区市谷左内21-13
　　　　　　電話
　　　　　　　03-3513-6150　販売促進部
　　　　　　　03-3267-2270　書籍編集部
印刷／製本　株式会社加藤文明社

定価はカバーに表示してあります

本書の一部または全部を著作権法の定める範囲を超え、無断で複写、複製、転載、テープ化、ファイル化することを禁じます。

©2013　松本光春

造本には細心の注意を払っておりますが、万一、乱丁（ページの乱れ）や落丁（ページの抜け）がございましたら、小社販売促進部までお送りください。送料小社負担にてお取り替えいたします。

ISBN978-4-7741-5804-4 C3054

Printed in Japan

本書の内容に関するご質問は、下記の宛先まで書面にてお送りください。お電話によるご質問および本書に記載されている内容以外のご質問には、一切お答えできません。あらかじめご了承ください。
〒162-0846
新宿区市谷左内町21-13
株式会社技術評論社　書籍編集部
「しくみ図解シリーズ」係
FAX：03-3267-2271